ClimatePartner.com/53585-1805-1001

Selbstverpflichtung zum nachhaltigen Publizieren

Nicht nur publizistisch, sondern auch als Unternehmen setzt sich der oekom verlag konsequent für Nachhaltigkeit ein. Bei Ausstattung und Produktion der Publikationen orientieren wir uns an höchsten ökologischen Kriterien. Dieses Buch wurde auf 100 % Recyclingpapier, zertifiziert mit dem FSC®-Siegel und dem Blauen Engel (RAL-UZ 14), gedruckt. Auch für den Karton des Umschlags wurde ein Papier aus 100 % Recyclingmaterial, das FSC®-ausgezeichnet ist, gewählt. Alle durch diese Publikation verursachten CO_2-Emissionen werden durch Investitionen in ein Gold-Standard-Projekt kompensiert. Die Mehrkosten hierfür trägt der Verlag.

Mehr Informationen finden Sie unter:
http://www.oekom.de/allgemeine-verlagsinformationen/nachhaltiger-verlag.html

Bibliografische Information der Deutschen Nationalbibliothek:
Die Deutsche Nationalbibliothek verzeichnet diese Publikation in der Deutschen Nationalbibliografie; detaillierte bibliografische Daten sind im Internet über http://dnb.d-nb.de abrufbar.

© 2019 oekom verlag München
Gesellschaft für ökologische Kommunikation mbH
Waltherstraße 29, 80337 München

Layout und Satz: Reihs Satzstudio, Lohmar
Korrektorat: Silvia Stammen, München
Lektorat: Laura Kohlrausch, oekom verlag
Druck: Friedrich Pustet GmbH & Co. KG, Regensburg

Alle Rechte vorbehalten
Printed in Germany
ISBN 978-3-96238-106-6

FRAUKE FISCHER
FRANK NIERULA

DER PALMÖL-KOMPASS

Inhalt

Kapitel 1: Pflanze und Produkt
- Die Ölpalme 7
- Die Herstellung von Palmöl 13
- Alternativen zu Palmöl? 27

Kapitel 2: Palmöl wirkt
- Der Effekt auf die Biodiversität 37
- Der Effekt auf das Klima 46
- Die Effekte auf Mensch und Gesellschaft 52

Kapitel 3: Handel und Industrie
- Welthandel mit Palmöl 63
- Palmöl in der chemischen Industrie 67
- Palmöl in der technischen Industrie 73

Kapitel 4: Palmöl in unserem Alltag
- Palmöl ist allgegenwärtig 75
- Im Badezimmer 78
- Zum Frühstück 85
- Im Tank 90

Kapitel 5: Was tun?
- Die wichtigsten Siegel 97
- Orientierungshilfen für den Alltag 138
- Selbst aktiv werden 141
- Exkurs: Öl aus dem Aquarium 148

Kapitel 6: Ein Blick in die Zukunft 151

ABC der wichtigsten Begriffe 156
Quellenverzeichnis der Grafiken 162
Bildquellenverzeichnis 163
Anmerkungen 164

PFLANZE UND PRODUKT

Die Ölpalme

Die Hauptfigur dieses Buches ist ein unauffälliger Zeitgenosse. Sie lebt fernab von uns, kaum jemand hat sie je persönlich zu Gesicht bekommen. Und doch hat praktisch jede*r von uns schon von ihr gehört. Wer sie sucht, findet ihre Spuren überall. Ihren Namen oder Abwandlungen davon können wir jeden Tag lesen; wir müssen nur die Verpackung der Produkte umdrehen, die in unseren Schränken stehen, egal ob Schokolade oder Duschgel. In unserer Welt lebt sie im Kleingedruckten, in den Zutatenlisten von Lebensmitteln oder in den Inhaltsangaben unserer Kosmetika. Und dort ist sie für viele Hersteller gut aufgehoben: Niemand geht mit ihr hausieren, sie wird nicht beworben – lieber totgeschwiegen. Wir reden von der Ölpalme, *Elaeis guineensis*, und dem aus ihren Früchten und Samen gewonnenen Palmöl. Nie würde sie eine Werbekampagne anführen. Dabei gibt es gute Gründe dafür, die Ölpalme von ihrem Schattendasein ins Rampenlicht zu heben, denn ihre Präsenz in unseren alltäglichen Produkten ist überraschend umfassend und ihr Einfluss auf Ökosysteme enorm.

Warum sie eine »Alleskönnerin« ist und dennoch eine Existenz abseits des Rampenlichts führt, das möchten wir in diesem Buch erklären. Dabei beleuchten wir nicht nur die Hintergründe und Grundlagen des Anbaus und Handels, sondern folgen auch der Wertschöpfungskette bis in unseren Alltag, um zu zeigen, wie weit sich Palmöl in unserer Gesellschaft ausgebreitet hat. Dadurch wollen wir jenen, die planen, ihren eigenen Palmölkonsum zu steuern und zu reduzieren, das dafür nötige Wissen und konkrete Tipps an die Hand geben.

DIE ENTDECKUNG DER ÖLPALME

Heutzutage gibt es drei Arten von Ölpalmen. Die Amerikanische Ölpalme, *Elaeis oleifera*, die nur von geringer wirtschaftlicher Bedeutung ist, die Afrikanische Ölpalme, *Elaeis guineensis*, die den allergrößten Teil der zur Ölgewinnung kultivierten Ölpalmen ausmacht, und *Elaeis odora*, die wild vorkommt, aber bis heute nicht kultiviert wird.

Die Herkunft der Ölpalme ist umstritten. Die erste Beschreibung eines Entdeckers, die möglicherweise mit der Ölpalme in Verbindung gebracht werden kann, stammt von Ca' da Mosto (1432–1488) aus den Aufzeichnungen über seine Reisen in Westafrika. Sinngemäß schreibt er: »Man kann in diesem Land eine Baumart finden, die in großer Zahl rote Nüsse mit schwarzen Augen trägt.«[1] Auch die Funde fossiler Pollen, die denen der heutigen Ölpalme ähnelten, belegen, dass die Ölpalme schon vor über 2,6 Millionen Jahren in Afrika heimisch war und sogar damals schon kultiviert wurde.[2] Den Weg zu ihrer heutigen Verbreitung fand die Ölpalme wohl über nur vier Exemplare: Aufzeichnungen der Buitenzorg-Gärten (heute der botanische Garten von Bogor) bestätigen den Erhalt dieser vier Palmen im Jahre 1848. Zugesandt wurden zwei davon durch den botanischen Garten Hortus Botanicus in Amsterdam, deren Herkunft allerdings ungeklärt ist. Die anderen beiden Samen stammten wohl aus Afrika, was ein späterer Bericht des Empfängers nahelegt, der auf eine Senderoute über Mauritius oder Bourbon verweist.[3] Diese vier im botanischen Garten auf Java, Indonesien, gepflanzten Exemplare legten wohl den Grundstein für die südostasiatische Palmölindustrie.

Die Ölpalme ist, wie der Name schon sagt, eine Palme. Die afrikanische Ölpalme wird in Wäldern, ihrem wohl ursprünglichen Lebensraum, bis zu 30 Meter hoch. Im Anbau in Monokulturen und vereinzelt stehend wird sie jedoch kaum höher als 15 bis 18 Meter.[4] Vom obersten Ende ihres Stammes wachsen pro Jahr sternförmig etwa 30 lange und gefiederte Blätter aus, die in kurzen Abständen übereinanderliegen und somit die typische Blätterkrone einer Palme bilden. Soweit alles ganz normal für eine Palme. Das, was alle Welt an der Ölpalme interessiert, wächst in den Achseln der Blattstiele. Dort entwickelt sich entweder ein männlicher oder ein weiblicher Blütenstand, von denen die weiblichen nach der Bestäubung Früchte bilden. Diese Früchte begründen den weltweiten Siegeszug der Ölpalme. Um einen mittig liegenden Stab herum werden zwischen 500 und 4.000 einzelne Früchte ausgebildet. Jeder dieser Fruchtstände bringt ein Gewicht von 10 bis 25 Kilogramm auf die Waage.[5] Diesen Früchten oder besser gesagt ihrem öligen Inhalt hat die Pflanze ihre heutige Bedeutung zu verdanken.

Die Ölpalme hat nicht nur durch die Beschaffenheit des aus ihren Früchten gewonnenen Rohstoffes einen weltweiten Siegeszug angetreten, sondern vor allem aufgrund der außergewöhnlich hohen Menge an pro Fläche produziertem Öl. Fakt ist: Ihr Anbau bringt mehr Ertrag als der jeder anderen Ölpflanze.

Für diese in der Pflanzenwelt relativ außergewöhnlich hohe Produktivität braucht die Ölpalme natürlich große Mengen an Nährstoffen, Mineralien und Wasser. Auch hier ist sie außergewöhnlich: Wie bei den meisten Pflanzen wird eine ausreichende Zufuhr dieser Stoffe über das Wurzelwerk sichergestellt. Die Ölpalme kann dabei ihr unterirdisches Wurzelwerk aber auf einen schier unglaublich großen Radius von bis zu 25 Metern ausbreiten.[6] Dadurch, dass sich dieses »Nahrungsnetz« in drei weitere Unterklassen von immer feineren Wurzeln aufteilt, entsteht eine enorme Fläche, aus der die Ölpalme die von ihr benötigten Stoffe und Wasser aufnehmen kann. Die bis zu 50 Palmwedel, die in der Krone jeder Palme zu finden sind, sorgen für die nötige Umwandlung von Sonnenenergie in Pflanzenmasse durch Fotosynthese. Auch hier kann durch die große Fläche die einfallende Sonnenstrahlung bestmöglich genutzt werden. Vor allem diese beiden Eigenschaften – ihre Effektivität bei der Aufnahme von Nährstoffen aus dem Boden und die Fähigkeit, starke Sonneneinstrahlung hocheffizient in Energie umzuwandeln – verleihen der Ölpalme die Fähigkeiten, die sie in der industriellen Agrarwirtschaft zu einer konkurrenzlosen Hochleistungspflanze machen.

Und sie hat noch einen weiteren Vorteil für Produzenten und Farmer: Praktisch alle anderen Nutz- und Ölpflanzen wie Soja, Raps, Sonnenblume oder Mais, die zur Gewinnung von Pflanzenölen im industriellen Maßstab angebaut werden können, müssen vor jeder Ernte neu angepflanzt werden. Die Ölpalme dagegen bringt ab dem dritten bis vierten Jahr nach der Pflanzung jedes Jahr kontinuierliche Erträge ein.[7] Die ersten vier Jahre erzielt eine Plantage somit zwar keine Gewinne, sondern erfordert Investitionen für Rodung der Fläche, Planierung, Ausheben von Bewässerungsgräben, Pflanzung, Instandhaltung und Düngung. Im Gegenzug verspricht diese Investition aber stetige, hohe Erträge über mehr als 20 Jahre hinweg.

Trotz des hohen Ertrags ist ihr Bedarf an Düngemitteln erstaunlich gering. Nur 2 % des weltweiten Verbrauchs der drei wichtigsten Düngemittelgrundstoffe wurden 2011 für den Ölpalmanbau eingesetzt.

	Düngemittelbedarf in Kilogramm pro Hektar/Jahr			Fruchtertrag pro Hektar und Jahr bei optimaler Düngung
	Kalium	Stickstoff	Phosphat	
Mais	168	286	49	12 Tonnen
Soja	207	275	48	3,5 Tonnen
Ölpalme	286	120	16	30 Tonnen (FFB)

Quelle: Tarmizi, Mohd Tayeb (2006)[8]; Bender et al. (2013)[9]; Bender et al. (2015)[10]

	Anteil Düngemittelverbrauch weltweit (2010/11)				Weltweiter Ertrag in Tonnen (2010)
	Kalium	Stickstoff	Phosphat	Gesamt	
Mais	14,9 %	16,8 %	15,2 %	**16,1 %**	851.348.928
Soja	9,0 %	0,9 %	7,9 %	**3,9 %**	264.942.943
Ölpalme	7,2 %	1,1 %	1,0 %	**2,0 %**	223.437.286

Quelle: Heffer (2013)[11]; FAOSTAT (2011)[12]

Dieser Anteil ist beträchtlich niedriger als der anderer Nutzpflanzen: Der Vergleich zeigt: Während die Sojabohne mit einem Gesamtanteil von etwa 3,9 % der weltweit eingesetzten Düngemittel etwa die doppelte Menge auf sich vereint, liegt der größte Verbraucher, der Mais, sogar bei einem Anteil von 16,1 % am gesamten Düngereinsatz. Auch in Relation zum Ertrag fällt dieser Unterschied ins Auge. Natürlich ist der Vergleich hier aber nicht ganz einfach, da viele Pflanzen nicht ausschließlich zur Ölproduktion angebaut werden, sondern auch als Futterpflanzen, beziehungsweise wegen ihres hohen

Ölertrag pro Hektar Anbaufläche und Jahr bei verschiedenen Ölpflanzen.

Protein- oder Kohlenhydratanteils. Würden wir aber beispielsweise versuchen, die Produktion von Palmöl herunterzufahren, und stattdessen Öl aus Mais gewinnen, wäre der Aufwand an Düngemitteln weitaus höher.

Bedeutend ist zudem der Ertrag in Relation zur Anbaufläche: Bisher lag der Ertrag pro Hektar Anbaufläche bei etwa fünf Tonnen Öl. Damit ist die Ölpalme der mit Abstand effektivste Ölproduzent unserer Agrarindustrie (siehe Vergleich in der Abbildung oben). Heute gibt man sich damit allerdings nicht mehr zufrieden: Durch Klonierung, also die Erzeugung genetischer Kopien, können besonders ertragreiche Palmen vervielfältigt werden und so Erträge von 7,5 bis 10,8 Tonnen pro Hektar und Jahr erreicht werden.[13] Klonierte Palmen werden bisher meist nur auf industriellen Großplantagen angebaut. Würde ihr Anbau in Zukunft auch auf Kleinflächen Einzug halten, stiege die durchschnittliche Palmölproduktion in Relation zur genutzten Fläche weltweit weiter an.

Der relativ geringe Verbrauch an Düngemitteln und der hohe Ertrag der Ölpalme erwecken den Eindruck, wir hätten es mit einer sehr genügsamen

Die Ölpalme

Pflanze zu tun. Ein anderes Bild entsteht, wenn man das Bedürfnis der Ölpalmen nach Wasser, Temperatur und Licht betrachtet.

Der Wasserverbrauch von Ölpalmen ist verhältnismäßig hoch, weshalb der jährliche Niederschlag in einer Anbauregion bei mindestens 2.000 Millimeter liegen sollte, wenn man auf die künstliche Bewässerung verzichten möchte.[14] Zum Vergleich: In Deutschland wurden solche Niederschlagsmengen in den letzten 30 Jahren nur an zwei Orten im tiefsten Süden Bayerns und im südlichen Baden-Württemberg erreicht. Deutschlandweit fallen im Durchschnitt nur etwa 800 Millimeter Niederschlag im Jahr.[15]

Damit die Ölpalme ihr volles Potenzial für die Produktion ausschöpfen kann, braucht sie zudem hohe Temperaturen, idealerweise zwischen 24 und 28 °C im Jahresdurchschnitt. Die Jahresdurchschnittstemperatur in Deutschland betrug zwischen den Jahren 2000 und 2009 nur etwa 9,4 °C – und dies war das wärmste Jahrzehnt der zurückliegenden 130 Jahre.[16] Die potenzielle Anbaufläche wird also bereits durch die durchschnittliche Temperatur und den Jahresniederschlag stark eingeschränkt.

Für die Produktion großer Mengen an pflanzlichen Ölen sind außerdem eine hohe Sonnenscheindauer und -intensität unerlässlich. Dabei sollte die

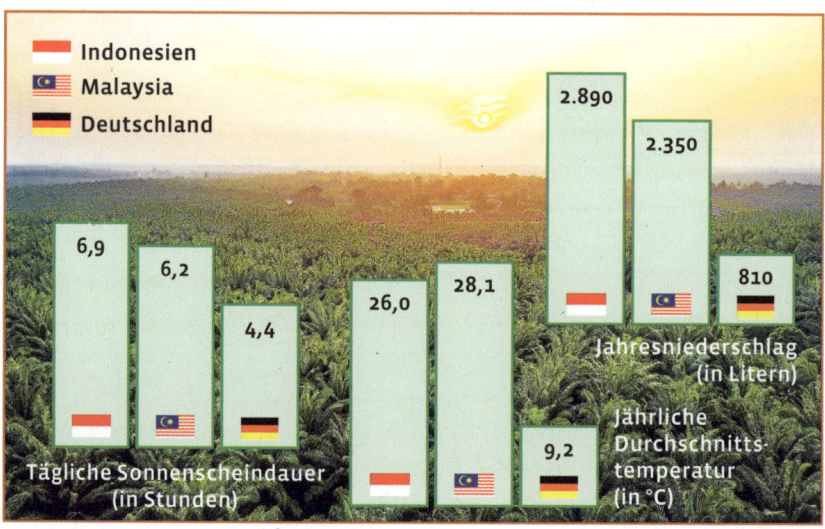

Durchschnittliche Sonnenscheindauer, Niederschlagsmenge und Temperatur in den Hauptanbauregionen der Ölpalme im Vergleich zu Deutschland.

Dauer pro Tag fünf bis sieben Stunden betragen und die Intensität der Sonneneinstrahlung nicht unter 4.100 Kilowattstunden je Quadratmeter pro Tag liegen. Die durchschnittliche Sonnenscheindauer in Deutschland betrug zwischen 1981 und 2010 lediglich 4,4 Stunden pro Tag, der maximale Wert der jährlichen Sonnenscheinintensität lag bei 1.261 Kilowattstunden je Quadratmeter.[17]

Um es zusammenzufassen: Äpfel, Birnen, Kirschen, Weizen, Roggen oder Gerste wachsen bei uns hervorragend. Für die Ölpalme ist es bei uns aber zu dunkel, zu trocken und zu kalt. Ihr überaus großes Verlangen nach hohen Temperaturen und langer Sonnenscheindauer mit hoher Strahlungsintensität beschränkt den Anbau der Ölpalme auf die Regionen bis etwa zum 15. Breitengrad nördlich und zum 10. Breitengrad südlich des Äquators. Dies entspricht ziemlich genau der Zone, in der tropische Regenwälder vorkommen.

Die Herstellung von Palmöl

Betrachtet man die Gewinnung der gängigen Pflanzenöle, so sticht Palmöl durch mehrere Vorteile wirtschaftlich heraus. Sowohl die Pflanze an sich als auch ihre Früchte und ihr Öl unterscheiden sich maßgeblich von vielen anderen Ölpflanzen.

Nicht nur Ertrag, Düngemittelverbrauch und klimatische Bedingungen für den Anbau unterscheiden sich von anderen für die Ölproduktion eingesetzten Nutzpflanzen, auch ihre Mehrjährigkeit und der Aufbau der Früchte suchen in der Welt der Feldfrüchte ihresgleichen. So müssen Ölpalmplantagen nicht jedes Jahr erneuert werden, sondern liefern über Jahre kontinuierlich Erträge, was den Anbau erheblich kostengünstiger macht. Außerdem kann man sowohl aus dem Fruchtfleisch als auch aus dem Kern Öl gewinnen. Da diese beiden Öle auch noch unterschiedliche Zusammensetzungen und damit Eigenschaften haben, kann man aus den Früchten und Kernen ein und derselben Pflanze Öle für unterschiedliche Einsatzgebiete pressen.

Geeignete Anbauländer

Die klimatisch optimalen Regionen für den Anbau von Ölpalmen liegen zwischen 15° nördlich und 10° südlich des Äquators. Natürlich könnte die Ölpalme auch außerhalb und in relativer Nähe zu dieser Zone angebaut werden, allerdings würden dann auch geringere Erträge erzielt, was den Anbau mit zunehmender Entfernung zum Äquator immer weniger rentabel macht.

Zu den geeigneten Anbauregionen zählen damit nicht nur die Hauptanbauländer Malaysia und Indonesien und andere Teile Südostasiens wie Thailand und Neuguinea. Auch in Afrika und Lateinamerika können Ölpalmen ertragreich angebaut werden – natürlich mit Ausnahme der sehr trockenen Savannen- und Wüstengebiete. Die größten Anbaugebiete Afrikas liegen in den flachen Küstengebieten West- und Zentralafrikas.

Die Regionen, die neben den Hauptanbauländern in Südostasien im Fokus der Palmölindustrie stehen, liegen in Süd- und Mittelamerika. Hier besteht noch viel Raum für die Expansion der Industrie, sowohl in Hinsicht auf Anbauflächen als auch die technische Entwicklung der Produktionsmethoden. Der Verfall der Sojapreise der letzten Jahre und die zunehmende

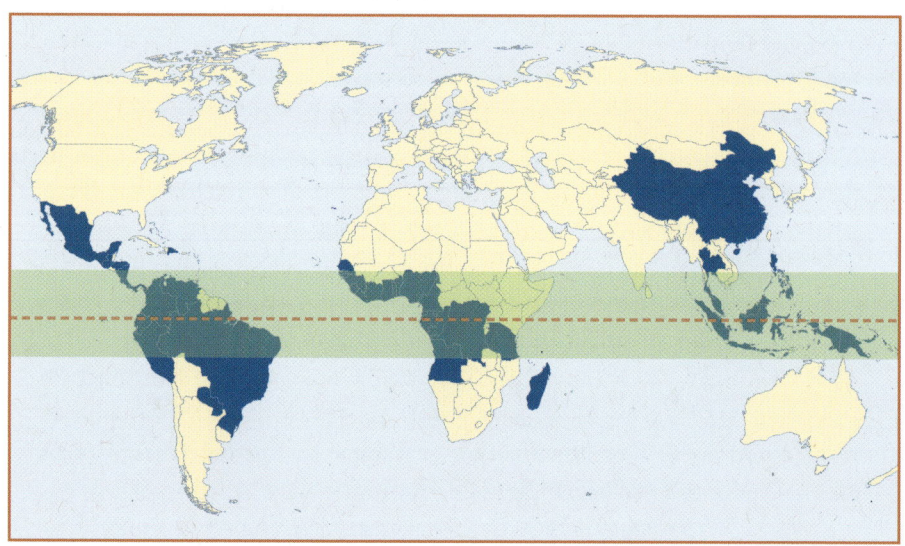

Optimale Bedingungen für den Anbau von Ölpalmen nördlich und südlich des Äquators sowie tatsächliche Anbauländer.

Nachfrage nach Biodiesel an den Weltmärkten begünstigen eine teilweise Umstellung der oft seit Langem auf den Anbau und Export von Sojabohnen eingestellten Landwirtschaft. Dabei werden aber nicht nur alte Sojaplantagen für die Produktion von Palmöl umgewidmet, sondern auch bewaldete Gebiete gerodet und erschlossen. Denn in Südamerika, allem voran in Brasilien, gibt es noch weite Waldflächen, deren Böden für den Anbau von Ölpalmen gut geeignet sind.[18]

Geeignete Waldfläche für den Anbau von Ölpalmen nach Land.
Quelle: Stickler et al. (2007)[19]

Land	Geeignete Waldfläche in 1.000 km²	Land	Geeignete Waldfläche in 1.000 km²
Brasilien	2.283	Gabun	81
Demokratische Republik Kongo	778	Guyana	81
Indonesien	617	Französisch-Guayana	70
Peru	458	Republik Kongo	66
Kolumbien	417	Ecuador	55
Venezuela	150	Philippinen	31
Malaysia	146	Myanmar	25
Papua Neuguinea	144	Thailand	24
Suriname	101	Laos	13
Bolivien	90	Vietnam	5
Kamerun	83		

Sowohl in Afrika als auch Lateinamerika werden zwar in mehreren Ländern Ölpalmen angebaut, aber nur einige wenige Länder betreiben den Anbau im industriellen Maßstab und für den Export. Auf dem afrikanischen Kontinent zählen hierzu vor allem Nigeria und die Elfenbeinküste, gefolgt von Kamerun und der Demokratischen Republik Kongo.

In Amerika liegen die größten Anbaugebiete in Mittel- und Südamerika, mit Kolumbien an erster Stelle. Danach folgen Honduras und Guatemala mit weniger als der Hälfte der Produktion Kolumbiens und dahinter Bra-

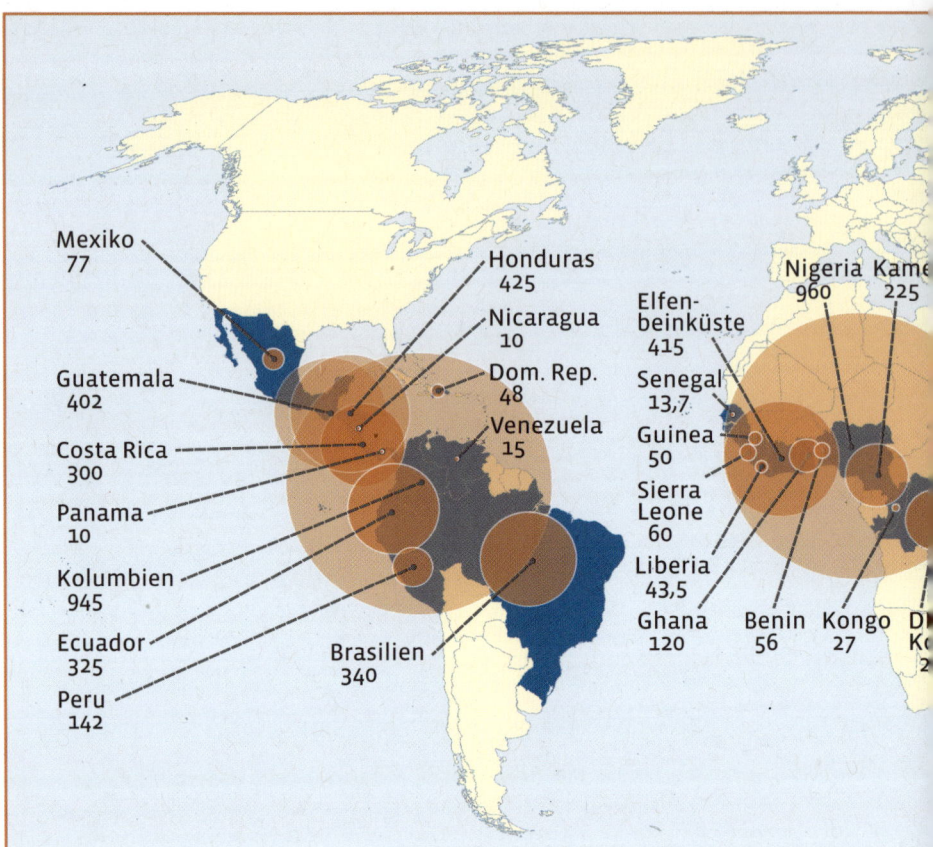

silien, Ecuador und Costa Rica. Diese Länder werden voraussichtlich eine große Rolle bei der zukünftigen Ausbreitung der Palmölindustrie spielen. In einigen Ländern wird der Anbau von Ölpalmen von den Regierungen sogar aktiv gefördert, zum Beispiel im Rahmen von Strategien zur Diversifizierung der Agrarwirtschaft oder als Teil nationaler Strategien zur Unabhängigkeit von Palmöl- oder Mineralölimporten.

Der Anbau

Ölpalmen werden – wie viele andere industriell angebaute Nutzpflanzen – in großen zusammenhängenden Monokulturen angebaut. Dabei wird das vorher bestehende Ökosystem nahezu komplett zerstört und die entstehende

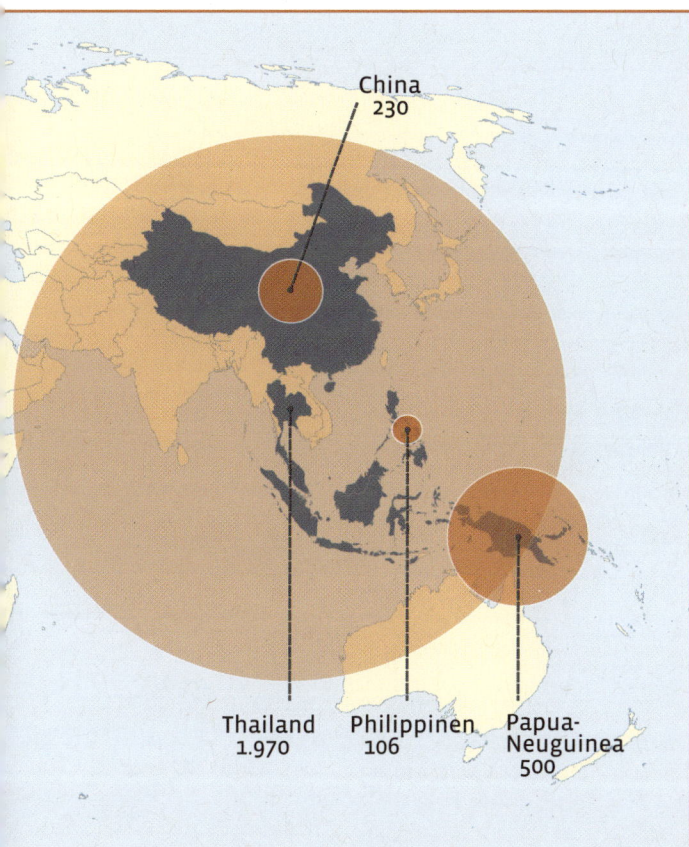

Palmölproduktion außerhalb der Hauptanbauländer Indonesien und Malaysia in Tausend Tonnen im Jahr 2014 (Kreise proportional zur Menge der Produktion).

Brache mit jungen Ölpalmen bepflanzt. In modernen Plantagen werden normalerweise Pflanzabstände von neun bis zehn Metern zwischen den Palmen eingehalten. Das ermöglicht Pflanzungen von 120 bis 143 Palmen pro Hektar.[20] Da Torfböden mehr Nährstoffe liefern, werden auf solchen bis zu 160 Palmen pro Hektar gepflanzt.[21] Das macht Torfflächen für die Pflanzung neuer Plantagen besonders interessant; ebenso wie der zu erwartende Ertrag sind bei der Rodung von Torfwäldern aber auch die negativen Folgen für das Klima und die biologische Vielfalt größer (hierzu mehr in Kapitel 2: »Palmöl wirkt«).

Zusammenhängende Plantagen sind meist von Gräben durchzogen, die der Bewässerung dienen oder überflüssiges Wasser ableiten sollen. Auch Zu-

Die Herstellung von Palmöl

Ölpalmplantage. Im Vordergrund Neuanpflanzungen.

fahrtsstraßen und Wege teilen die Plantage in kleinere Einheiten und erleichtern damit den Zugang zu den einzelnen Palmen. In von der lokalen Bevölkerung privat geführten Plantagen sind solche Zugangswege oft nicht nötig oder es fehlt an Geldern, um diese anzulegen.

Vor allem in Indonesien gibt es zwar noch viele Plantagen, die im Besitz von Kleinbauern sind, die zur Finanzierung des eigenen Lebensunterhalts auf Flächen von unter einem bis zu wenigen Hektar Ölpalmen anbauen. Die vorherrschenden industriellen Plantagen können sich aber über tausende

Hektar zusammenhängender Fläche erstrecken. Man kann sich also vorstellen, dass nicht Regenwald von einigen kleinen Plantagen unterbrochen wird, sondern die Realität in vielen Regionen heutzutage umgekehrt aussieht. Der Regenwald wird also in den seltensten Fällen von kleinen Plantagen unterbrochen, sondern meist auf gigantischen Flächen gerodet. Dies ist ganz im Interesse der Palmölkonzerne, denn zusammenhängende Flächen lassen sich leichter und kostengünstiger bewirtschaften als verstreut liegende kleine Plantagen. Das liegt einerseits an kürzeren Transportwegen bei Pflege und Aberntung der Palmen. Andererseits ist die gesamte Infrastruktur, welche sich auch auf Bewässerungs- oder Entwässerungsgräben, befestigte Straßen, Lager für Maschinen, Düngemittel und Pestizide, Wohnräume für Arbeiter und natürlich eine Palmölmühle erstreckt, als zusammenhängende Einheit viel effizienter zu errichten und zu betreiben. Daher bestehen moderne Ölpalmplantagen oft aus einem Kernkomplex, auf Indonesisch auch *Inti* genannt, mit Ölmühle, Wohn- und Lagerflächen, und dem umgebenden sogenannten *Plasma*. Vom Herzstück der industriellen Großplantage aus, zu dem meist auch einige Hektar Ölpalmen gehören, werden alle nötigen Operationen unternommen und die geernteten Früchte direkt zu Palmöl weiterverarbeitet. Drumherum liegt das Plasma mit großen zusammenhängenden Ölpalmplantagen. Diese werden entweder durch den Kernkomplex selbst bewirtschaftet oder von Arbeitern, die mit ihren Familien im oder am Rande des Plasmas leben. Sie pflegen einen festen Teil der Plantagen und erhalten für die Ernte einen festen Preis vom Besitzer der Großplantage. In diesem Fall rücken die Arbeiter des Kernkomplexes nur noch zur Ernte oder zur Schädlingsbekämpfung in das Plasma aus oder haben die Verantwortung für die Plantagen des Plasmas komplett an die Kleinbauern abgegeben.

Wir reden also von drei Modellen des Anbaus von Ölpalmen:

1. Monokultureller Anbau im kleinen Maßstab durch private Kleinbauern.
2. Großer monokultureller Anbau, betrieben durch einen privaten oder staatlichen Konzern.
3. Große Monokulturen, betrieben durch einen privaten oder staatlichen Konzern unter Beteiligung von Kleinbauern.

Daneben gibt es zwar noch andere Modelle, wie agroforstwirtschaftlichen Anbau, bei dem Nutzpflanzen verstreut in einem bestehenden Waldgebiet angebaut werden, oder den Anbau in Mischkulturen mit anderen Nutzpflanzen; diese spielen heutzutage allerdings keine wesentliche Rolle, wenn es um die schiere Masse an Palmöl geht, die in den Produkten unseres täglichen Gebrauchs Verwendung findet.

Die Gewinnung von Palmöl

Wie andere Ölfrüchte muss die Frucht der Ölpalme in einer Mühle gepresst werden, um an ihr kostbares Öl zu gelangen. Dabei bietet die Ölpalme gleich zwei verschiedene Öle: das der Frucht und das des Kerns.

Die Blüte einer Ölpalme benötigt von ihrer Entfaltung bis zum reifen Fruchtstand etwa fünf bis sechs Monate.[22] Da Ölpalmen aber kontinuierlich über das ganze Jahr Blüten und Früchte tragen, wird auf den Plantagen etwa alle zwei bis vier Wochen geerntet, um die maximale Menge an Früchten zu erhalten. In einer industriellen Großplantage werden die einzelnen Teilbereiche nacheinander abgeerntet. Ist die Plantage also groß genug, kann jeden Tag im Monat ein anderer Teilbereich geerntet werden. Das ist für die Plantagenunternehmen durchaus wünschenswert, denn so kann die Ölmühle optimal ausgelastet werden.

Durch die Zersetzungsprozesse, die nach der Ernte in den Früchten zu wirken beginnen, ist es äußerst wichtig, die Früchte innerhalb von 24 Stunden nach der Ernte zu verarbeiten. Gelingt dies nicht, leidet die Qualität des gepressten Öls, was sich wiederum negativ auf den zu erlösenden Verkaufspreis auswirkt. Aus diesem Grund sind die Ölmühlen industrieller Großplantagen nahezu jeden Tag im Einsatz. Die Notwendigkeit, die Früchte innerhalb von 24 Stunden zu verarbeiten, setzt hier abhängig von der Länge der Transportwege und vor allem der Kapazität der Ölmühle eine Grenze für die mögliche Größe eines zusammenhängenden Plantagenkomplexes.

Die eigentliche Verarbeitung der Früchte spaltet sich in Vorbehandlung, Pressen und Nachbehandlung auf.

Bei der Vorbehandlung werden die Früchte zunächst unter hohem Dampfdruck sterilisiert. Die Hitze des Dampfes tötet Bakterien ab und stoppt Zersetzungsprozesse, durch die die Qualität des gepressten Öls verringert werden könnte. Durch die Behandlung mit Dampf lassen sich im nächsten Schritt

Ölpalmfrüchte im Vorder- und Fruchtstände im Hintergrund.

die Früchte auch leichter von den nicht ölhaltigen Teilen des Fruchtstandes trennen. Bei den nun vereinzelten Früchten wird anschließend durch das Schlagen in einer Trommel das Fruchtfleisch vom Kern getrennt.

Im nächsten Schritt werden sowohl Kerne als auch Fruchtfleisch weiter in eine Schraubenpresse transportiert, die das Öl herauspresst. Dabei bleiben die harten Kerne jedoch unbeschädigt. Bei der ersten Pressung erhält man dadurch nur Öl aus dem Fruchtfleisch – Palmöl. Die Kerne werden nach dem ersten Pressen durch Maschinen aus den Presskuchen, der aus den übrig

Querschnitt durch eine Ölpalmfrucht. Das orange-gelbe Fruchtfleisch und der leuchtende Kern liefern Öle unterschiedlicher Zusammensetzung.

gebliebenen Fasern besteht, aussortiert und getrocknet. Sie werden zu Anlagen transportiert, die auf das Aufbrechen der Kernhülle und das Pressen des Kerns spezialisiert sind. Durch eine Zentrifuge oder Riffelmühle wird die Kernschale aufgebrochen und der Kern in einem sogenannten Hydrozyklon, einem Wasserbad, in dem ein starker Strudel erzeugt wird, von seiner Schale getrennt, denn während der ölhaltige Kern obenauf schwimmt, sinken die dichten Schalen im Wasser zu Boden.[23] Nun kann auch der Kern gepresst werden. Dies geschieht allerdings oft nicht in der Mühle der Plantage. Meist werden die Kerne getrocknet und dann zu einer größeren Mühle transportiert oder direkt abgepackt und ins Ausland exportiert. Aus ihnen kann nun das in der chemischen Industrie oft eingesetzte Palmkernöl gepresst werden.

Die Nachbereitung des zuvor gepressten Palmöls beschränkt sich nicht nur auf das Reinigen von Schwebstoffen und Wasser. Das Öl wird, teils vor Ort, teils in großen, weiter von der Plantage entfernt liegenden Anlagen raffiniert (englisch *refined*), gebleicht *(bleached)* und von seinem Eigengeruch befreit *(deodorized)*. Nach diesem Prozess ist das Öl sozusagen marktreif. Es wird im Industriesprech nun als *RBD palm oil* beziehungsweise *RBD palm kernel oil* bezeichnet. Oft wird das gepresste Öl aber auch als Rohpalmöl *(crude palm oil)* weiterverkauft. Man spricht dann von CPO oder im Falle von rohem Palmkernöl von CPKO *(crude palm kernel oil)*.

In manchen Ländern laufen die oben beschriebenen Prozesse auch in viel kleineren Maßstäben ab. In Afrika nutzen beispielsweise kleinere Kooperativen auch heute teilweise noch kleine Elektropressen oder gar handbetriebene Schraubenpressen. Das heißt aber auch, dass bestimmte Schritte der oben genannten Prozeduren nicht überall durchführbar sind und das gepresste Öl dann als CPO oder CPKO verkauft werden muss, weil schlicht die technischen Möglichkeiten zur Nachbehandlung fehlen. Das wirkt sich natürlich auch negativ auf den Preis aus, den die Produzenten damit erzielen können.

Was übrig bleibt

Bei der Herstellung von Palmöl fallen Rückstände an. Einige von ihnen sind harmlos oder haben sogar einen gewissen Nutzen. Andere können der Umwelt massiven Schaden zufügen und müssen daher mit Umsicht behandelt werden.

Die Reste, die übrig bleiben, nachdem die Früchte von den nicht ölhaltigen Teilen des Fruchtstandes getrennt wurden, können zwar nicht für die Ernährung von Menschen oder Tieren benutzt werden, sie sind aber kompostierbar und können als Dünger wieder in den Plantagen verteilt werden und somit die Menge an eingesetzten chemischen oder mineralischen Düngemitteln reduzieren. Aus Sorge um die Übertragung von Schädlingen und Pilzkrankheiten wird diese Möglichkeit aber nicht von allen Plantagenbetreibern wahrgenommen. Selbstverständlich gäbe es Mittel, dieses Risiko zu minimieren, wie das vorherige Erhitzen oder das starke Zerkleinern gegen Insekten, deren Larven sich in den Pflanzenteilen eingenistet haben. Allerdings entstehen durch diese Behandlung auch Kosten, was die Verwendung als Dünger weniger attraktiv macht. Ein weiter möglicher Verwendungszweck ist die Verstromung in Biomasseheizkraftwerken oder Biogasanlagen.

Ein problematischer Abfallstoff ist dagegen das sogenannte *palm oil mill effluent* oder POME, also Abwasser, das die Ölmühle verlässt – eine Mischung aus Wasser, Öl, Fett und Fruchtfasern.[24] In diesem Gemisch laufen Prozesse ab, bei denen Bakterien die enthaltenen organischen Substanzen abbauen. Gelangt POME in Gewässer wie Bäche, Flüsse oder Seen, entziehen diese Abbauprozesse dem Wasser große Mengen an gelöstem Sauerstoff.[25] Dieser gelöste Sauerstoff fehlt dann anderen Wasserorganismen. Massive nega-

Fruchtstände der Ölpalme bestehen neben den Früchten aus einer Menge nicht ölhaltiger, aber dennoch verwertbarer Pflanzenfasern.

tive Umweltauswirkungen bis hin zum Fischsterben in ganzen Flussläufen oder Seen sind die Folge. Aber nicht nur Fische sterben. Auch viele andere Organismen wie Krebse und Muscheln fallen dem Mangel an Sauerstoff zum Opfer. Gleichzeitig stellt das Abwasser auch für Menschen ein Problem dar, da Trinkwasser aus mit POME verschmutzten Gewässern nicht mehr zu gewinnen ist. Das liegt vor allem daran, dass POME auch Ammonium enthält, das bei hohen Temperaturen und einem hohen pH-Wert des Wassers zu Ammoniak umgewandelt wird – ein starkes Nervengift. Durch die in POME enthaltenen Nährstoffe wird gleichzeitig das Pflanzenwachstum gefördert. Verstärktes Wachstum von bestimmten Wasserpflanzen befördert aber einen Prozess, den man als »biogene Entkalkung« bezeichnet. Dadurch steigt der pH-Wert des Wassers, was die Umsetzung des Ammoniums zu Ammoniak begünstigt.

BIOGENE ENTKALKUNG

(Wasser)pflanzen verbrauchen Kohlenstoffdioxid (CO_2), welches im Wasser entweder direkt als CO_2 oder in Form von Calciumhydrogencarbonat $Ca(HCO_3)_2$ gelöst ist. Dieses zerfällt in Wasser teilweise zu Calciumcarbonat ($CaCO_3$) und Hydrogencarbonat-Ionen (HCO_3^-). Sobald das CO_2 verbraucht ist, stellen viele Algen- und Wasserpflanzenarten auf den Abbau von Hydrogencarbonat um. Bei dessen Umsetzung durch die Pflanzen entstehen CO_2, welches die Pflanze in ihren Stoffwechsel einbaut, und Hydroxidionen (OH^-), die ins Wasser abgegeben werden. Sowohl der anfängliche Entzug des CO_2 als auch die Abgabe von Hydroxidionen beim anschließenden Abbau von Hydrogencarbonat lassen den pH-Wert des Wassers ansteigen.

Diese Kombination aus Verschmutzung, O_2-Verarmung, Überdüngung und Vergiftung machen die Einleitung von POME zu einem Worst-Case-Szenario für Gewässer. Um dies zu verhindern, muss man die Abbauprozesse ablaufen lassen, bevor POME in natürliche Gewässer gelangt. Dazu werden große offene oder geschlossene Tanks verwendet. Während des Abbaus durch Bakterien wird pro Tonne POME jedoch eine Menge von ungefähr 5,5 Kilogramm Methan frei, während bei der Verarbeitung von einer Tonne Ölpalmfrüchte etwa eine halbe Tonne POME entsteht.[26] Da man aus den Fruchtständen etwa 30 % ihres Gewichtes als Öl gewinnen kann, erzeugt die Produktion von einer Tonne Palmöl circa 1,5 Tonnen POME. Hier fällt also eine große Menge umweltschädigender Substanz an, die in der Lage ist, bei unsachgemäßem Umgang das meiste Leben selbst in großen Gewässern nahezu vollständig auszulöschen. In jedem Fall aber werden pro Tonne Palmöl durch den Abbau von POME etwa 8,25 Kilogramm Methan in die Atmosphäre freigesetzt, wo es zum Treibhauseffekt beiträgt.

Bei kontrolliertem Ablauf der Abbauprozesse in geschlossenen Tanks kann das entstehende Methan allerdings aufgefangen und zum Heizen genutzt oder verstromt werden.

Zudem gibt es einen weiteren Ansatz, der in Zukunft mehr Anwendung finden könnte: Die nicht ölhaltigen Teile des Fruchtstandes ergeben zer-

Angebissene Ölpalmfrüchte.
Hier kommt der Faserreichtum der Frucht besonders zur Geltung.

kleinert und mit POME getränkt einen guten Dünger. So kann POME wieder in den Boden der Plantage eingebracht werden, was in purer Form nur schwer möglich ist: Würde man die ölige Substanz direkt auf den Boden geben, würde sie diesen versiegeln, was zu einer Unterbrechung der natürlichen Kreisläufe im Untergrund führt und damit nicht nur dem Boden selbst, sondern auch den darin wachsenden Pflanzen schadet.

Der nach dem Pressen insbesondere der Kerne verbleibende Presskuchen (*palm kernel expeller*) oder PKE enthält noch eine gewisse Menge an Öl und zeichnet sich durch einen hohen Eiweißgehalt von 14 bis 20 % aus. Daher eignet er sich bestens als Futter für Rinder, Schweine und Ziegen.[27] Zumeist kann man ihn als Pulver kaufen und nutzt ihn als Anteil zur Futtermischung von Nutztieren. Darüber hinaus ist er haltbar, günstig und alternativ auch zur Verstromung geeignet.

Alternativen zu Palmöl?

Bevor wir uns mit den ökologischen und sozialen Auswirkungen der Palmölindustrie beschäftigen, beleuchten wir die verschiedenen Typen von Ölen, die uns für die Deckung unseres Bedarfs zur Verfügung stehen. Ob Mineralöle in Kunststoffen, Pflanzenöle in Nahrungsmitteln oder tierische Öle und Fette in Handseifen oder Kosmetika – die Varianten von Öl sind zahlreich, und damit auch die möglichen Alternativen zu Palmöl.

Obwohl alle eben beschriebenen Produkte zur Gruppe der Öle zählen, unterscheiden sie sich grundsätzlich in ihrem molekularen Aufbau und damit in ihren physikalischen Eigenschaften. Trotz ihrer Verschiedenheit sind manche Öle aber mit einigem Aufwand und bis zu einem gewissen Grad chemisch ineinander umwandelbar. Das macht sie in bestimmten Fällen gegeneinander austauschbar. Warum also Palmöl nicht einfach durch Tierfett oder Mineralöle ersetzen?

Für die Hersteller stehen neben der Einsetzbarkeit insbesondere wirtschaftliche Gesichtspunkte im Vordergrund, die sich hauptsächlich aus den Kosten des Anbaus und der Gewinnung ergeben, daher lohnt sich ein Blick auf die Herstellung beziehungsweise Förderung, Gewinnung und den Anbau verschiedener Fette und Öle.

Tierische Fette und Öle

Der Einsatz tierischer Fette in Waren des täglichen Bedarfs außerhalb von Lebensmitteln erscheint vielen Menschen vielleicht als unerheblich. Beispielsweise bei der Produktion von Handseifen sind sie aber neben Palmöl der hauptsächlich genutzte Rohstoff. Dennoch wird weltweit kein Tier ausschließlich zur Gewinnung seines Fettes gezüchtet. Tierische Fette sind meist Nebenprodukte der Fleisch-, Fell-, Leder- oder Milchproduktion.

Die Gewinnung tierischer Fette führt zunächst zu einem Landnutzungsproblem. Flächen werden entweder direkt für das Grasen von Nutztieren benötigt oder, was in der Zeit der Massentierhaltung wahrscheinlicher ist, zum Anbau von Futterpflanzen für die Tiermast gerodet. So verschwinden sie als natürlicher Lebensraum für Tiere und Pflanzen. Die Ausscheidungen der gezüchteten Tiere wiederum können zwar als natürlicher Dünger genutzt werden, stellen aber häufig eine Gefahr für unsere Seen und Flüsse dar. Wie bei Düngemitteln führt der übermäßige Eintrag von Fäkalien und der darin enthaltenen Nährstoffe in Gewässer zu verstärktem Pflanzenwachstum, wodurch das ökologische Gleichgewicht aus den Fugen gerät – das Gewässer »kippt um«. Organismen, die sauerstoffreiches Wasser benötigen, ersticken. In der industriellen Tiermast werden die Ausscheidungen daher heute zwar oft aufgefangen und für die Produktion von Biogas genutzt, allerdings kommt es immer wieder zu Zwischenfällen, bei denen Rückhaltebecken überlaufen oder brechen und damit Bäche und Flüsse in lebensfeindliche Jauchegruben verwandelt werden. Rückstände aus Biogasanlagen werden zudem ebenfalls als Düngemittel verwendet. Auch weil Tiere aus Massentierhaltung oft mit Antibiotika und anderen Medikamenten behandelt werden, sind ihre Ausscheidungen für intakte Ökosysteme zusätzlich eine Gefahr.

Weniger augenscheinlich sind die Folgen für das Klima, die bei der Tiermast entstehen. Nutztiere stoßen beträchtliche Mengen an Methan (CH_4) aus. Dabei variiert die Menge an Methan, das im Magen-Darm-Trakt der Tiere entsteht, je nach Tierart recht stark. Unabhängig davon, wie viel Methan ein Tier ausstößt, wird davon ausgegangen, dass Methan während der ersten 100 Jahre nach der Freisetzung eine 33-fach schädlichere Wirkung auf das Klima hat als Kohlendioxid (CO_2).[28]

> ### RECHENBEISPIEL: METHAN DURCH TIERMAST
>
> Ein Rind stößt pro Tag etwa 7,5 Kilogramm Methan aus.[29] Das ergibt etwa 2,7 Tonnen pro Jahr. Ein ausgewachsenes Rind wiegt etwa 680 Kilogramm, nach dem Ausnehmen bleiben noch etwa 360 Kilogramm übrig. Davon sind etwa 15 % (54 Kilogramm) verwertbares Fett.[30] Um eine Tonne Fett zu erhalten, müssen also 18,5 Rinder geschlachtet werden, die zusammen etwa 50 Tonnen Methan pro Jahr produzieren. Geschlachtet werden Rinder in industrieller Haltung nach anderthalb bis zwei Jahren. Damit summiert sich das Methan auf etwa 75 bis 100 Tonnen pro gewonnener Tonne tierischen Fetts. Im Vergleich wäre das, als ob man 2.475 bis 3.300 Tonnen CO_2 in die Atmosphäre entließe, zum Beispiel, in dem man 1 bis 1,5 Millionen Liter Benzin (E5) verbrennt.

Der Anbau des Futters hat eine weitere, soziale Komponente. Kraftfutter für die Tiermast besteht zum größten Teil aus Sojabohnen und wird meist aus Nord- und Südamerika importiert. Zwischen 1990 und 2010 wurden allein in Südamerika etwa 82 Millionen Hektar Wald gerodet – mehr also die doppelte Fläche Deutschlands –, wovon ein großer Teil für den Sojaanbau verwendet wird.[31] Diese Umwandlung der für den Futteranbau benötigten Flächen zerstört nicht nur (Ur-)Wald und den natürlichen Lebensraum vieler seltener Tiere, sondern sorgt in vielen Ländern auch für die Vertreibung indigener Völker von ihrem Land und beraubt die Bevölkerung so ihrer vorhandenen Wasser-, Nahrungs- und Einkommensquellen (mehr hierzu in Kapitel 2 – Effekte auf Mensch und Gesellschaft).

Ganz gleich, woher das Futter kommt, die Gewinnung von tierischen Fetten ist ökologisch verheerend. Nicht nur der hohe Methanausstoß und der Anbau von Futterpflanzen, sondern auch die schiere Masse an Tieren, die zu diesem Zweck gezüchtet werden müssen, macht diese Art der Fettproduktion sowohl ökologisch als auch moralisch untragbar.

Dabei ist nicht nur das Züchten von Tieren im großen Maßstab, sondern auch die Jagd von wilden Tierpopulationen für die Ölgewinnung moralisch und ökologisch problematisch. Die Möglichkeit, Walfett zu Öl, Kerzen

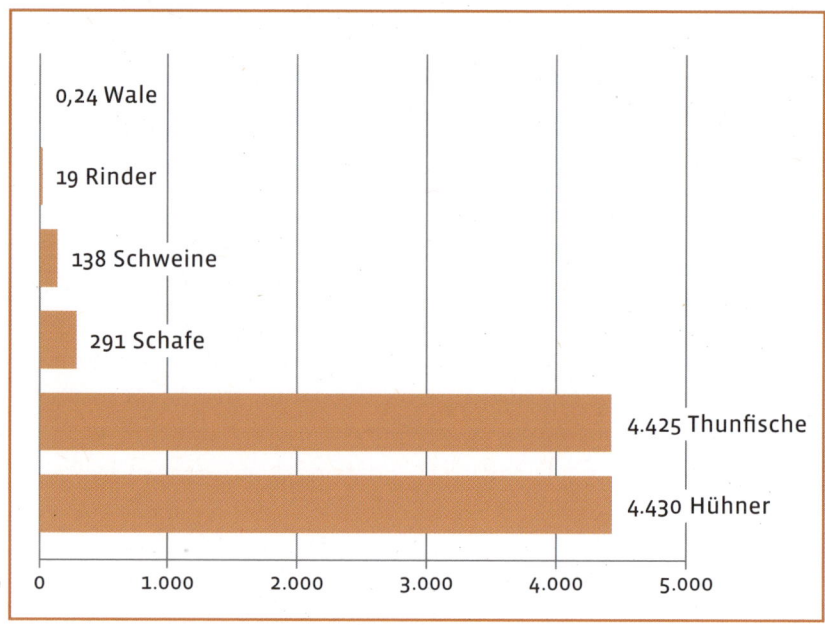

Menge an Tieren, die geschlachtet werden müsste,
um eine Tonne Öl aus ihren Körpern zu gewinnen.

und Schmierstoffen zu verarbeiten, führte beispielsweise vom 19. bis in die Mitte des 20. Jahrhunderts zu einer weltweiten Überjagung dieser Tiere, die einige Arten an den Rand des Aussterbens gebracht hat. Die Zeit der großen Walfangflotten ist zwar inzwischen vorbei, allerdings weniger aufgrund menschlicher Vernunft als vielmehr wegen des drastischen Niedergangs der Walpopulation und dem Aufkommen günstigerer Rohstoffquellen.

Mineralöle

Die Förderung von Erdöl hat in der Vergangenheit – zumindest theoretisch – ohne das Verschmutzen von Böden und Gewässern auskommen können. Dies hat sich mit dem Aufkommen des Frackings, also der Verpressung von Chemikalien und Wasser unter hohem Druck im Erdreich mit dem Zweck der Freisetzung kleinerer Rohstoffvorkommen, geändert.

Schon bei der »normalen« Gewinnung von Erdöl besteht das Problem, dass die Substanz selbst hochgiftig für Tiere und Pflanzen ist. Gelangt es in die Umwelt, verursacht es immense, kaum zu behebende Schäden. Ölunfälle gab es schon immer in der Geschichte der Ölförderung. Die Gefahr, dass sie auftreten und gravierender werden, steigt aber mit der immer schwereren Zugänglichkeit der Erdöllagerstätten. Die leicht zugänglichen, an Land gelegenen Lagerstätten werden immer seltener beziehungsweise immer schwieriger zu finden. Weitere Vorkommen liegen in großer Meerestiefe von über 1.000 Metern. Kommt es hier zu Lecks, können diese nur schwer verschlossen werden. Ausgelaufenes Erdöl steigt auf und breitet sich großflächig aus. Neben den katastrophalen Auswirkungen auf die Umwelt birgt das auch ökonomische Gefahren für die handelnden Unternehmen. So hat die versuchte Behebung der Schäden durch die Ölkatastrophe der Deepwater Horizon im Jahre 2010 die Firma BP fast 65 Milliarden US-Dollar gekostet.[32]

Natürlicherweise kommt Erdöl in großen Mengen auch in sogenannten Ölsanden vor. Die Verarbeitung von Ölsanden ist jedoch nicht nur kos-

Ölsandabbau in Alberta (Kanada).

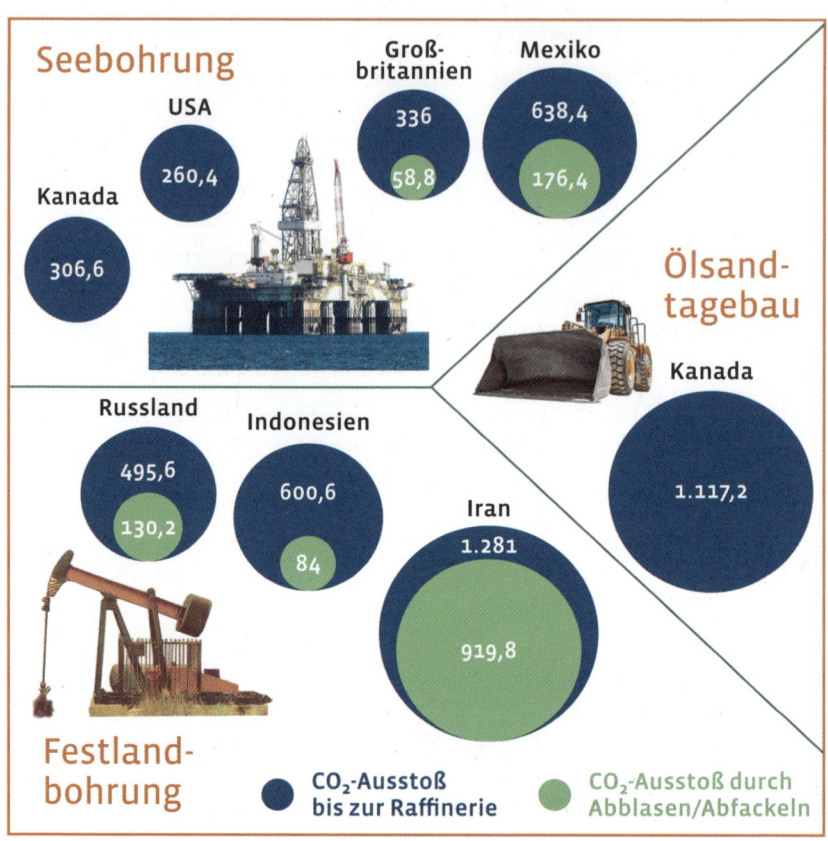

CO₂-Ausstoß in Kilogramm pro geförderter Tonne Erdöl bei verschiedenen Förderarten.

tenintensiver, als Öl aus dem Boden zu pumpen, sondern auch ökologisch bedenklich: Mit Erdöl verunreinigtes Wasser, das in großen Mengen als Abfallprodukt bei der Aufarbeitung von Ölsanden anfällt, muss mit hohem Aufwand chemisch und biologisch gereinigt werden. Kommt es in Kontakt mit Gewässern oder Böden, legt es sich wie ein Leichentuch über die Flächen, erstickt und vergiftet alles Leben und verseucht die Fläche über Jahre hinweg.

Zwar setzen Bohrungen nach Öl theoretisch ähnliche Mengen Treibhausgase frei wie andere Fördermethoden. Die Realität der Abbaumethoden lässt diese Rechnung aber nicht aufgehen. Als praktische Folge kann eine Ölbohrung im Iran eine durchaus schlechtere Klimabilanz haben als der Abbau von Ölsanden in Kanada. Verantwortlich sind geringere Auflagen beim Klimaschutz in verschiedenen Ländern sowie überholte technische Standards von Filtereinrichtungen in Raffinerien oder das Abfackeln von Erdgas, welches bei der Förderung von Erdöl aus den unterirdischen Lagerstätten entweicht.

Noch dramatischere Folgen für das Klima hat es allerdings, wenn Erdgas durch sogenanntes Abblasen in die Atmosphäre entlassen wird, ohne verbrannt zu werden. Erdgas besteht zum größten Teil aus Methan, und wie bereits erwähnt, zeigt Methan innerhalb der ersten 100 Jahre eine 33-fach schädlichere Wirkung auf das Klima als das bei der Verbrennung von Erdgas entstehende CO_2. Zudem entstehen nicht nur bei der Verbrennung von Erdöl und Erdgas Treibhausgase, sondern schon bei der Förderung und Raffinierung, bei der das Rohöl zu Benzin, Diesel und Ähnlichem umgewandelt wird.

Pflanzliche Fette und Öle

Wie bei der Produktion von Tierfuttermitteln wird beim Anbau von Ölpflanzen die entsprechende Landfläche gerodet oder planiert und mit einer einzigen Nutzpflanze bestellt. Dabei geht sie als Lebensraum für die natürliche Tier- und Pflanzenwelt teilweise oder ganz verloren. Das gilt selbstverständlich für den Anbau von Ölpalmen genauso wie für den Anbau jeder anderen Ölpflanze.

Zuerst besteht natürlich das offensichtliche Problem der Anbaufläche, welche gerodet werden muss, um Platz für Ölpflanzen zu schaffen. Daher sind ertragreichere Ölpflanzen den weniger ertragreichen erst einmal vorzuziehen. Solange wir also nicht berücksichtigen, wo und auf welchen Böden angebaut wird, fällt nur der reine Verbrauch an Anbaufläche ins Gewicht.

Für die Klimabilanz des gewonnenen Öls kommt es allerdings auch besonders darauf an, auf welchem Boden die Pflanze angebaut wird und ob dafür Wald gerodet werden muss oder nicht. Für den Schaden an der biologischen Vielfalt ist dann zudem ausschlaggebend, welcher Waldtyp gerodet wird und wo. Wird Wald gerodet oder Sumpfland trockengelegt, werden mit der Zeit riesige Mengen an im Boden gespeichertem CO_2 in die Atmosphäre entlassen. Auch die eingeschlagenen Bäume setzen in ihren Stämmen gespeichertes CO_2 mit der Zeit frei. Bei einer Brandrodung geschieht das sofort.

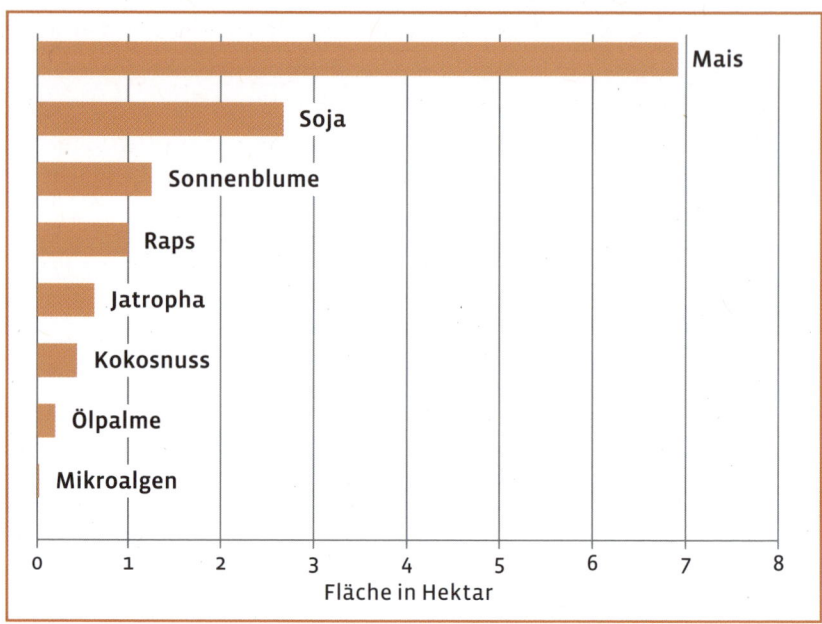

Für eine Tonne gewonnenes Öl benötigte Anbaufläche in Hektar pro Jahr.

Zusätzlich haben die eingesetzten Düngemittel, Unkrautvernichter und Schädlingsbekämpfungsmittel drastische Auswirkungen auf die natürliche Vielfalt an Insekten und Pflanzen, die Mikroorganismen im Boden und auf stehende Gewässer und Fließgewässer: Gewässer werden durch Pestizide vergiftet oder der Zufluss an Nährstoffen durch Dünger wird so groß, dass es zur massenhaften Vermehrung von Algen kommt. Das ökologische Gleichgewicht wird empfindlich gestört, was das bestehende Ökosystem zum Zusammenbrechen bringen kann.

Gleiches gilt für die Böden. Auch hier kann die funktionierende Gemeinschaft aus Mikroorganismen, kleinen Insekten, Pilzen und Pflanzen durch Pestizide und Düngemittel derart gestört werden, dass Stoffkreisläufe aus dem Gleichgewicht geraten, wodurch der Boden seine Fruchtbarkeit verliert. Entgegen verbreiteter Meinung ist fruchtbarer Boden nicht nur eine endliche, sondern zudem eine nicht erneuerbare Ressource – und was weniger fruchtbarer Boden für die Lebensmittelproduktion bei einer stetig wachsenden Weltbevölkerung bedeutet, ist erschreckend einfach zu verstehen.

Zumindest ist das aus Pflanzen gewonnene Öl in kleineren Mengen für die Umwelt erst einmal unbedenklich. Wenn Öle selbst oder Abfälle, die bei ihrer Gewinnung entstehen, jedoch in großen Mengen in Gewässer gelangen, wirken sie ebenfalls verheerend auf diese Ökosysteme. Die hohe Produktivität der Ölpalme führt zusammen mit ihrem moderaten Verbrauch von Düngemitteln zu geringen Produktionskosten. Das macht Palmöl seit Jahren zum weltweit günstigsten Pflanzenöl und ebnet ihm den Weg in eine Unmenge von Produkten unseres Alltags. Bei der Popularität geht es aber nicht um den Preis allein. Erst seine vorteilhaften physikalischen Eigenschaften machen Palmöl zum »global player« des Konsums und der Produktion.

Für einige Produkte und Anwendungen ist Palmöl der am besten geeignete pflanzliche Ausgangsstoff. So ist Biodiesel aus Palmöl fast viermal so lange haltbar wie Biodiesel aus Soja oder Mais. Er lässt sich auch leichter entzünden und verbrennt besser.[33] Da Konzerne verständlicherweise ungern in Kauf nehmen, dass ihr Biodiesel auf dem Weg von der Raffinerie zum Verbraucher unbrauchbar wird, führt Palmöl hier die Liste der meistgefragten Ausgangsstoffe an.

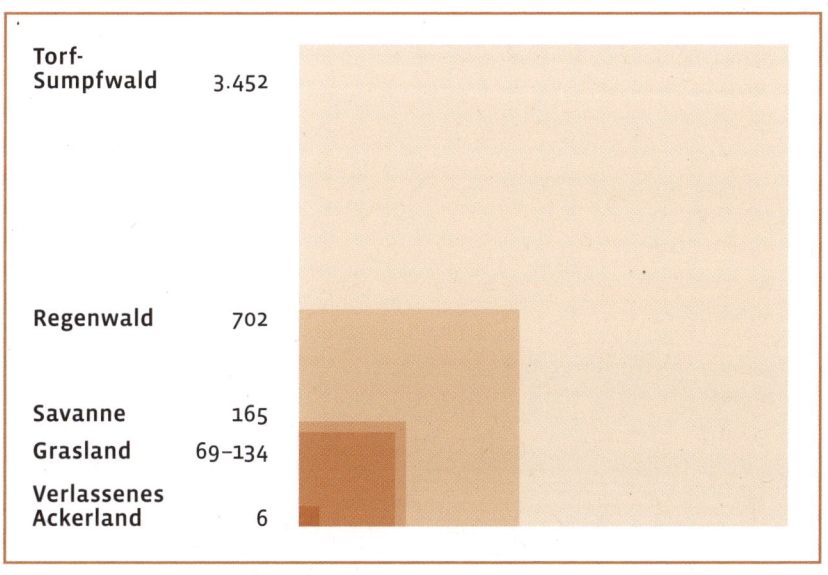

Bei der Rodung verschiedener Landschaftstypen durchschnittlich frei werdendes Kohlendioxid in Kilogramm pro Hektar.

Alternativen zu Palmöl?

Auch in Produkten unseres täglichen Gebrauchs spielt Palmöl aus ähnlichen Gründen eine besondere Rolle: Tierische und pflanzliche Fette sind anfällig für oxidativen Abbau – sie verderben mit der Zeit. Palmöl und vor allem Palmkernöl, das aus dem in der Frucht enthaltenen, ebenfalls ölhaltigen Kern gewonnen wird, bilden hier eine Ausnahme. Durch ihren hohen Gehalt an gesättigten Fettsäuren sind sie chemisch wesentlich stabiler als andere Nahrungsmittelfette. Lange Haltbarkeit besitzt bereits das raffinierte Palmöl, wie man es vor allem in Indien und Südostasien zum Kochen benutzt. In unseren Breitengraden trägt es zu einer längeren Haltbarkeit vor allem von verarbeiteten Nahrungsmitteln wie Süßwaren und Gebäck bei und sorgt bei Kosmetika wie Cremes und Lippenstift für denselben Effekt. Damit wird die Zeit, die Produkte nach ihrer Herstellung im Supermarktregal auf ihren Weiterverkauf an den Verbraucher warten können, zum Verkaufsargument für Palmöl.

PALMÖL WIRKT

Der Effekt auf die Biodiversität

Ölpalmen sind tropische Pflanzen mit einem Wachstums- und Produktionsoptimum in den Regionen der Welt, die natürlicherweise mit Regenwäldern bedeckt sind. Ölpalmen gehören also in diese Ökosysteme, wenn auch ursprünglich wohl nur in Afrika und natürlich nicht in Form gigantischer Monokulturen, die keinen Platz für die riesige Vielfalt des Lebens dieser Regionen lassen. In dieser extremen Form hat ihr Anbau bedenkliche Folgen für die Biodiversität.

WAS IST BIODIVERSITÄT?

Biodiversität bezeichnet die Vielfalt des Lebens auf unserem Planeten. Dazu gehören die genetische Vielfalt innerhalb einer Art, die Vielfalt von Tier- und Pflanzenarten sowie die Vielfalt von Ökosystemen und ihren Dienstleistungen. Biodiversität ist also weit mehr als die Summe aller Arten. Der Einfachheit halber spricht man oft nur von Artenvielfalt. Das ist aber weder wissenschaftlich korrekt noch wird es der Bedeutung biologischer Vielfalt für uns gerecht. Biodiversität und Ökosystemdienstleistungen sind nicht nur die Grundlage unseres Lebens, sondern auch die Basis allen wirtschaftlichen Handelns.

In den tropischen Regenwäldern findet sich der weltweit höchste Grad an Biodiversität. Obwohl die tropischen Regenwälder heute etwa 5 % der Landfläche der Erde ausmachen (ursprünglich 12 %) beherbergen sie mindestens 50 % aller lebenden Tier- und Pflanzenarten – nach Schätzung mancher Experten sogar bis zu 90 %. Geschätzte 40 bis 75 % aller Tier- und Pflanzenarten kommen ausschließlich in Regenwäldern vor. Verschwinden diese Lebensräume, verlieren wir diese Arten ebenfalls unwiederbringlich.

Die tropische Vielfalt des Lebens basiert dabei nicht auf fruchtbaren Böden, denn gerade in den Tropen sind diese arm an Nährstoffen. Vielmehr befinden sich die meisten Nährstoffe in einem permanenten Kreislauf von Wachsen und Vergehen. Werden Regenwälder zerstört, bricht dieser Kreislauf zusammen. Ertragreiche Landwirtschaft mit Monokulturen ist dann nur über wenige Jahre möglich, bis die Böden völlig ausgelaugt sind. Während sich der landwirtschaftliche Raubbau an der Natur also immer neue Flächen sucht, bleiben zerstörte Gebiete zurück. Der Verlust an Biodiversität ist unumkehrbar; und auch die Fähigkeit, große Mengen CO_2 zu speichern und immer wieder fruchtbare Böden zu generieren, haben nur natürliche Wälder.

Die Rodung von Regenwäldern für den Ölpalmenanbau zerstört jedoch nicht nur die Biodiversität und setzt CO_2 frei. Regenwälder generieren eine Vielzahl weiterer sogenannter Ökosystemdienstleistungen, also ganz verschiedenen Nutzen, den wir aus ihnen ziehen. Zu diesen Leistungen gehören die Bereitstellung von Rohstoffen, die Reinerhaltung der Luft, die Regulation des globalen Klimas, der globalen Wasserhaushalte und der Niederschlagsregime. Tropische Regenwälder beherbergen zudem immer noch eine Vielzahl an bislang unbekannten Tier- und Pflanzenarten, darunter vermutlich auch solche, die Grundlage neuer Medikamente, Nahrungsmittel, Werkstoffe oder anderer für uns wertvoller Materialien werden können. Zudem sind Regenwälder die Heimat vieler Millionen Menschen, darunter kleiner vom Aussterben bedrohter und auf sie unmittelbar angewiesener Völker. Werden Regenwälder weiterhin so massiv gerodet, wird dies auch massive Auswirkungen auf das globale Klima und vor allem auf die Handlungsoptionen zukünftiger Generationen haben. Welche ökologischen, sozialen und ökonomischen Effekte das haben wird, können wir heute nur begrenzt abschätzen, aber alle Szenarien, die von einer weiteren Zerstörung der Regenwälder ausgehen, zeichnen ein düsteres Bild.

WIE VIELE ARTEN GIBT ES?

So einfach diese Frage klingt, sie ist vermutlich das größte verbliebene Rätsel der Biologie und steht für eine der größten Wissenslücken in den Naturwissenschaften generell. Bis heute wurden geschätzte 1.737.248 Tier- und Pflanzenarten beschrieben.[1] Schätzen müssen Wissenschaftler diese Zahl deshalb, weil es keine zentrale Datenbank zur Erfassung aller wissenschaftlich beschriebenen Tier- und Pflanzenarten gibt. Noch größer ist die Unsicherheit darüber, wie viele Arten es wohl insgesamt auf unserem Planeten gibt. Hochrechnungen schwanken zwischen knapp 9 und gut 13 Millionen Arten. Mindestens zwei Drittel aller Arten, mit denen wir unsere Erde teilen, sind also noch unbeschrieben. Selbst bei relativ gut bekannten Gruppen wie etwa den Säugetieren klafft noch eine Lücke: Nach neuesten Forschungsergebnissen harren noch 5 % der Säugetierarten ihrer wissenschaftlichen Beschreibung.

Weniger Unsicherheit besteht leider beim Ausmaß der momentanen Vernichtung von Biodiversität. Experten sind sich einig, dass wir Biodiversität in einem nie dagewesenen Tempo verlieren. Genetische Vielfalt erodiert, weil Populationen immer kleiner werden. Heute lebende Löwen machen nur noch etwa 10 % der Population von vor 100 Jahren aus, heute lebende Blauwale weniger als 1 % ihrer Ursprungspopulation. Auch Artenvielfalt verschwindet, indem Arten komplett aussterben. Das geschieht zurzeit mit einer Rate, die etwa 1.000-mal über der natürlichen Aussterberate liegt. Immer mehr geht es auch kompletten Ökosystemen an den Kragen. Tropische Korallenriffe, Bergregenwälder oder Mangroven stehen ganz oben auf der Liste bedrohter Lebensräume.

Regenwälder sind Allgemeingüter, die in der Regel Staaten, sehr selten einzelnen Personen, lokalen Gemeinschaften oder Unternehmen gehören. Das macht sie anfällig für Übernutzung, weil jeder so viel nimmt, wie er kann – auch aus Angst, dass später nichts mehr da sein könnte, wenn andere zu viel nehmen. Dieses bizarre Phänomen der »tragedy of the commons« (auf

Der Effekt auf die Biodiversität

Deutsch der »Tragödie der Allmende«) kommt beispielsweise auch bei der Überfischung der Weltmeere zum Tragen.

Von der Existenz von Regenwäldern profitieren wir alle, für ihren Erhalt wird aber niemand zur Kasse gebeten. Als Allgemeingüter werden diese Regenwälder nicht ihrem Nutzen entsprechend in Wert gesetzt, das heißt, die von ihnen erbrachten Ökosystemdienstleistungen werden zwar in Anspruch genommen, nicht aber bezahlt. Wird in armen Ländern Regenwald gerodet, ist bei uns die Empörung groß, wird an unsere Tür geklopft, um große Geldmengen für den Schutz der Wälder zu akquirieren, bleiben unsere Geldbörsen aber eher verschlossen. Hieraus ergibt sich wenig Anreiz für Nationalstaaten, die Regenwälder zum Wohle aller zu erhalten; gleichzeitig steigt ihre Bereitschaft, Regenwälder zugunsten anderer Nutzungsformen zu

Abgeholzter Regenwald in der indonesischen Provinz Riau.

zerstören, wenn sich daraus direkte staatliche oder privatwirtschaftliche Gewinne generieren lassen.

Auch wenn ökologische, soziale und langfristig auch wirtschaftliche Aspekte für den Erhalt von Regenwäldern und gegen ihre Vernichtung zugunsten von Ölpalmplantagen (oder anderen Nutzungsformen) sprechen, stehen die kurzfristigen Zeichen schlecht. Zu sehr herrscht ein Ungleichgewicht der Realisierung großer privatwirtschaftlicher Gewinne für Wenige und der Vermeidung großer Kosten für Viele. Selbst wenn andere Flächen wie ehemalige Viehweiden oder anderweitig genutzte Plantagen zur Verfügung stehen, werden zumeist Regenwälder gerodet, um neue Ölpalmplantagen zu errichten. Dies geschieht aus einem einfachen Grund: Der Verkauf des bei der Rodung anfallenden Holzes schlägt privatwirtschaftlich mit bis zu 10.000 US-Dollar pro Hektar zu Buche. Damit ist die Kombination aus Kahlschlag und Ölpalmplantage die lukrativste »Waldnutzungsform« in den Tropen. Hinzu kommt, dass Gewinne durch den Holzeinschlag schon generiert werden, bevor die Ölpalmplantage produktiv wird.[2] So muss kein Unternehmen oder Investor darauf warten, dass Palmöl produziert wird, bevor Gewinne sprudeln. Selbst wenn die Ölpalmplantage nie produktiv, ja vielleicht sogar nie gepflanzt wird, werden Gewinne erzielt. Das finanzielle Risiko ist dadurch minimal, wodurch auch der Antrieb verringert wird, eine gut gemanagte Plantage dauerhaft zu etablieren. Im Ergebnis bedeutet dies, dass immer erst mal gerodet und Holz vermarktet wird, egal, was danach mit der Fläche passiert.

Es ist nicht immer einfach zu bemessen, welcher Regenwaldverlust direkt auf das Konto neu errichteter Ölpalmplantagen geht und in welchen Fällen Ölpalmplantagen anderen Nutzungsformen wie dem Holzeinschlag für die Papierherstellung oder der Weideviehhaltung folgen. Einige wissenschaftliche Studien haben sich aber genau dieses Themas angenommen und sind dabei zu erschreckenden Ergebnissen gekommen. So konnten in Malaysia 87 % der Entwaldung zwischen den Jahren 1985 und 2000 direkt dem Errichten von Ölpalmplantagen zugeschrieben werden.[3] Ölpalmplantagen tragen zudem indirekt zu weiterer Regenwaldzerstörung bei, etwa weil Straßen zu den Plantagen generell den Zugang zu bislang intakten angrenzenden Regenwaldflächen erleichtern und damit ein Einfallstor für den illegalen Holzeinschlag oder die Wilderei öffnen. Wenn Ölpalmplantagen andere landwirtschaftliche Nutzungsformen wie die Produktion von Lebensmitteln verdrängen, weichen diese gegebenenfalls ebenfalls auf noch ungestörte Regenwaldflächen aus. Auch dieser Verdrängungskampf befördert die Zerstörung von intakten Regenwaldgebieten.

Insgesamt sind Ölpalmplantagen mittlerweile die Landwirtschaftsform mit den flächenmäßig größten Zuwachsraten weltweit. Die Anbaufläche beträgt schon heute über 20 Millionen Hektar – Flächen, auf denen eigentlich tropischer Regenwald stehen würde. Landnutzungsänderungen, wie sie die Umwandlung von Regenwäldern zu intensiv bewirtschafteten Ölpalmplantagen darstellen, sind weltweit die größte Bedrohung für Biodiversität. Die Produktion von Pflanzenölen ist einer der am schnellsten wachsenden Agrarsektoren und Palmöl das am meisten produzierte Pflanzenöl überhaupt. Zwischen 2001 und 2006 stieg die Palmölproduktion um 55 %. Die steigende Nachfrage von Palmöl als Biosprit oder Lebensmittelzusatz lässt vermuten, dass das Ende der Fahnenstange hier noch lange nicht erreicht ist.

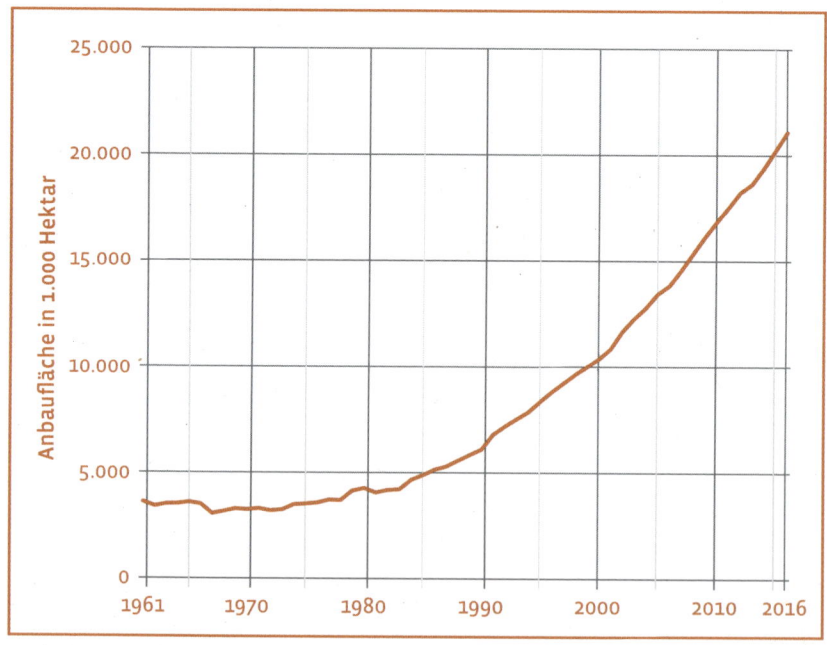

Entwicklung der weltweiten Fläche, auf der Ölpalmen angebaut werden, zwischen 1961 und 2016.

Auch wenn Ölpalmplantagen für einen Laien waldähnlich aussehen mögen, beherbergen sie im Vergleich zu Regenwäldern besonders wenig Biodiversität. Die Gründe hierfür sind ihr geringer Strukturreichtum, das homogene Alter der Palmen, das niedrige Kronendach, ein instabiles Mikroklima und die häufigen Störungen durch Menschen im Zuge der in den Plantagen notwendigen Arbeiten. Zudem werden Ölpalmplantagen in der Regel alle 25 bis 30 Jahre komplett gerodet. Ölpalmplantagen sind jedoch nicht nur im Vergleich zu Wäldern biodiversitätsarm, sondern schneiden bei diesem Thema sogar im Vergleich mit anderen intensiven Landnutzungsformen wie Kaffee-, Kakao- oder Kautschukplantagen schlecht ab.

Bis heute wird Palmöl hauptsächlich in den Biodiversitäts-Hotspots Südostasiens angebaut und damit in dem Teil der Tropen, der einen besonders hohen Grad an Biodiversität und bereits heute sehr große Zerstörungen aufweist.

BIODIVERSITÄTS-HOTSPOTS

Biodiversität ist auf unserem Planeten räumlich nicht gleich verteilt, aber auch nicht überall gleich bedroht. Besonders dramatisch ist die Lage in den 36 Biodiversitäts-Hotspots. Zusammen bedecken diese Regionen 2,3 % der Gesamtfläche der Erde, beherbergen aber 50 % aller Pflanzenarten, 55 % aller Süßwasserfischarten und 77 % aller Landwirbeltierarten.

Ein Biodiversitäts-Hotspot ist dadurch definiert, dass er mindestens 1.500 endemische (also nur hier vorkommende) Arten von Gefäßpflanzen aufweist und bereits mindestens 70 % seiner ursprünglichen Vegetation verloren hat – diese Orte sind also ausgezeichnet von großer biologischer Vielfalt, gepaart mit einer sehr großen Bedrohung.

Flächen, auf denen potenziell Palmöl produziert werden könnte, liegen aber auch in den tropischen Regionen Lateinamerikas und Zentralafrikas. Diese Flächen, auf denen heute zumeist noch Regenwald steht, belaufen sich auf geschätzte 410 bis 570 Millionen Hektar. Wird das »Palmölpotenzial« dieser

Orang-Utans in Borneo, deren Bestand von 1999 bis 2016 um mehr als die Hälfte zurückgegangen ist.

Flächen realisiert, also dort Ölpalmplantagen errichtet, wäre der Schaden an Biodiversität und Ökosystemdienstleistungen enorm.[4]

In Südostasien waren 45 % der in einer Studie untersuchten Ölpalmplantagen 1989 noch Regenwald, in Südamerika traf das auf 31 % der Ölpalmplantagen zu. Wesentlich niedrigere Werte ergaben sich für Afrika (7 %) und Mittelamerika (2 %).[5] Diese niedrigeren Zahlen bedeuten leider nicht, dass Ölpalmplantagen in Mittelamerika und Afrika mit einem größeren Verständnis für die Bedeutung tropischer Wälder etabliert werden, sondern weisen lediglich auf das beschriebene »ungenutzte Ölpalmpotenzial« dieser Regionen hin. Besonders in Mittelamerika und Afrika steht zu befürchten, dass die Zerstörung von Regenwäldern und die Vernichtung von Biodiversität noch zunehmen werden. Besonderes Augenmerk sollte die Weltgemeinschaft für die Situation in Kolumbien entwickeln, einem Land mit biologischer Megadiversität (also einem außergewöhnlich hohen Grad an

Biodiversität). Kolumbien ist schon jetzt das Land in Lateinamerika, das am meisten Palmöl produziert. Nach Indonesien, Malaysia und Thailand lag Kolumbien im Jahr 2016 mit einer Jahresproduktion von knapp 1,3 Millionen Tonnen auf Platz drei der palmölproduzierenden Länder.[6] Bislang werden Ölpalmen jedoch auf nur 1 % seiner Landesfläche angebaut. Aus Sicht der Palmölproduzenten und staatlicher Institutionen liegt hier also viel unrealisiertes Potenzial.[7]

Dramatisch sind die Effekte auf Biodiversität insbesondere dann, wenn Ölpalmplantagen in Lebensräumen von ohnehin stark bedrohten Arten etabliert werden. In Südostasien gilt das zum Beispiel für den Orang-Utan, dessen Bestände zwischen um 1999 und 2015 alleine auf Borneo um 50 % (rund 100.000 Tiere) zurückgegangen sind, wofür die Forscher in erster Linie den menschlichen Hunger nach natürlichen Rohstoffen und die damit einhergehende Öffnung der Wälder auch für Wilderer verantwortlich machen.[8] Aber auch andere charismatische und seltene Tierarten sind vom Ölpalmanbau direkt betroffen, so etwa Tiger, asiatische Elefanten und Nashörner.

Ein weiteres Problem ist der Eingriff durch Ölpalmplantagen in Gebieten, in denen bedrohte Arten mit einem ohnehin kleinen Verbreitungsgebiet existieren. Durch neue Ölpalmplantagen wird ihr Verbreitungsgebiet unter Umständen dramatisch verkleinert, was die Wahrscheinlichkeit des Aussterbens erhöht. Weil die Eingriffe in Lebensräume durch die Errichtung von Ölpalmplantagen nicht alle Organismen gleich stark betreffen, verändert sich auch die Zusammensetzung der Artengemeinschaften, was sich wiederum negativ auf Ökosystemdienstleistungen wie die Bestäubungsleistung oder die natürliche Regulation von Schädlingen auswirkt.

Alle bis hierhin beschriebenen Effekte auf Biodiversität entstehen bei der Errichtung von Ölpalmplantagen immer dann, wenn Regenwälder oder halbwegs natürliche Lebensräume weichen müssen. Ölpalmplantagen wirken aber auch nach beziehungsweise ohne die Rodung von Regenwäldern negativ auf Biodiversität.

So entstehen durch den Gebrauch von Maschinen oder den achtlosen Umgang der Arbeiter mit Feuer Brände auf den Plantagen, die Tiere und Wildpflanzen direkt bedrohen. Durch den geringen Anteil an Unterwuchs und die zunehmende Nutzung von Hanglagen erfolgt ein teilweise hoher Sedimenteintrag in Flüsse und Bäche, der Gewässerökosysteme verändert und zum Aussterben empfindlicher Arten und zur Veränderung von Artengemeinschaften führt. Das Ausbringen von Agrarchemikalien führt zum gewollten Abtöten bestimmter (Pflanzen-)Arten, durch die Verbreitung dieser Chemikalien in Luft und Gewässern werden aber auch Organismen außerhalb der Plantagen abgetötet oder vergiftet. Zudem hat die Entsorgung von POME massive Auswirkungen auf Arten und Ökosysteme (siehe Kapitel »Was übrig bleibt«).

Der Effekt auf das Klima

Der Anbau von Ölpalmen hat nicht nur einen negativen Einfluss auf die Biodiversität unseres Planeten. Auch auf das Klima und den Klimawandel hat die Palmölproduktion einen nicht unerheblichen Einfluss.

Regenwälder sind riesige CO_2-Speicher. Werden sie abgebrannt, setzt das gigantische Mengen CO_2 frei – mit furchtbaren lokalen Gesundheitsauswirkungen und dramatischen Effekten auf unser Weltklima.

In Indonesien brennen jedes Jahr riesige Regenwaldflächen – meist in der Trockenzeit von August bis Oktober. Brandrodung ist hier eine traditionelle Methode der Gewinnung neuer landwirtschaftlicher Flächen, weil Werkzeuge und Maschinen für andere Formen der Urbarmachung von Regenwäldern für Felder und Plantagen fehlen. Sie ist dennoch seit Jahren illegal. Ob die großen Feuer wie bei einem Blitzschlag zufällig entstehen oder mutwillig von Kleinbauern oder Angestellten großer Agrarkonzerne gelegt werden, ist teils strittig. Unstrittig ist dagegen, dass der dabei entstehende Smog ganz Südostasien und vor allem Malaysia und Singapur trifft. In Singapur wurde 2013 mit 400 Punkten das kritische Level von 301 Punkten auf dem »Pollutant Standard Index« weit überschritten, ab dem die Luftverschmutzung von »sehr ungesund« zu »gefährlich« hochgestuft wird.[9]

Noch schwerwiegendere Auswirkungen haben Brandrodungen, wenn dabei trockengelegte Torfböden in Mitleidenschaft gezogen werden. Nach den sofort aufflammenden Bränden schwelen diese oft unterirdisch weiter. Solche Schwelbrände sind nur schwer zu löschen und brennen so lange, bis aller trockener Torf verbraucht ist. 1997 brannten in Indonesien so etwa 100.000 Quadratkilometer Torfböden und hüllten Südostasien zehn Monate

Dieses Satellitenbild der NASA vom 19. Oktober 2015 zeigt die Rauchentwicklung durch Brände in der südöstlichen Küstenregion des indonesischen Teils der Insel Borneo.

lang in Rauch. Es wurde geschätzt, dass dabei eine gigantische Menge von mindestens 800 Millionen bis zur unvorstellbaren Menge von 2,57 Milliarden Tonnen an Klimagasen, umgerechnet auf ihr CO_2-Äquivalent, in die Atmosphäre entlassen wurde. Das entspricht zwischen 13 % und 40 % der Menge an CO_2, die im gesamten Jahr durch die Verbrennung von fossilen Energieträgern wie Kohle, Erdöl und Erdgas entstanden – weltweit.[10] Zum Vergleich: Im Jahr 2015 lag der Gesamtausstoß klimaschädlicher Gase durch die Verbrennung fossiler Energieträger Deutschlands bei 798 Millionen Tonnen und der von Indien bei knapp 2,5 Milliarden Tonnen.[11]

Der Effekt auf das Klima

CO₂-ÄQUIVALENTE

Anders als beim Verlust von Biodiversität gibt es bei der Emission von Treibhausgasen eine einheitliche Rechengröße. Jedes Treibhausgas kann nämlich in seiner klimaschädlichen Wirkung so umgerechnet werden, dass das Ergebnis mit dem Klimaschaden von CO_2 vergleichbar wird. Treibhausgase wie Methan (CH_4), das in der Atmosphäre eine etwa 28-mal größere Klimawirkung als CO_2 entfaltet, oder Lachgas (N_2O), das 298-mal so stark in der Atmosphäre wirkt wie CO_2, werden durch diese CO_2-Äquivalente auf einen Blick vergleichbar.

Dass wir hier nicht über Problematiken vergangener Tage sprechen, wird klar, wenn man beachtet, dass die in der Trockenzeit 2015 in Indonesien wütenden Feuer die heftigsten seit 1997 waren. Dabei wurden wohl etwa 1.750 Millionen Tonnen an Klimagasen frei und 2,6 Millionen Hektar (26.000 Quadratkilometer) Fläche verbrannt.[12]

RECHENBEISPIEL: DIE KLIMAWIRKUNG VON POME

Es wird davon ausgegangen, dass im Handelsjahr 2014/15 weltweit 61.453 Millionen Tonnen Palmöl produziert wurden.[13] Errechnet man daraus die Menge des entstandenen Abwassers (POME) in den Mühlen, erhält man etwa 92,2 Millionen Tonnen. Jede Tonne POME setzt während des biologischen Abbaus etwa 5,5 Kilogramm Methan frei. Das ergibt etwa 507.000 Tonnen Methan im Jahr 2014/15. Das ist in etwa vergleichbar mit der Menge an Methan, die jedes Jahr durch die Viehhaltung der gesamten Milchindustrie in Deutschland (des größten Milchproduzenten der EU) für die Produktion von 31 Millionen Tonnen Milch frei wird.[14] Und das ist längst nicht die gesamte Klimawirkung der Palmölproduktion!

In welchem Maße Ölpalmplantagen zum Klimawandel beitragen, hängt maßgeblich davon ab, auf welchen Böden sie errichtet werden. In Malaysia stehen zum Beispiel 10 % der Ölpalmplantagen auf Torfmoorböden. Wegen der besonders großen Menge an gespeicherten potenziellen Treibhausgasen tragen diese Flächen aber mit 35 % zum CO_2-Ausstoß aller in Malaysia existierenden Ölpalmplantagen bei.[15] Grundsätzlich lagert in Torfmoorböden bis zu 28-mal so viel Kohlenstoff (und damit potenzielles CO_2) wie in den Wäldern, die auf ihnen wachsen.[16] In den Torfmoorböden Südostasiens, und hier besonders in Indonesien, lagert daher so viel Kohlenstoff wie im gesamten Amazonasregenwald. Würden diese Torfmoorböden komplett verbrannt, entspräche das der weltweiten Emission von Treibhausgasen durch die Verbrennung fossiler Energieträger über einen Zeitraum von neun Jahren.[17]

Besonders auf Sumatra und Borneo finden sich riesige Torfwälder. Große Wassermassen aus dem Inland sind aufgrund des geringen Gefälles über Jahrtausende so langsam zum Meer geflossen, dass sich viel Feuchtigkeit staute. Unter dem damit einhergehenden Sauerstoffmangel hat sich jedes Jahr etwa ein Millimeter Torf abgelagert. Über 5.000 bis 8.000 Jahre ist so ein mächtiger Torfkörper gewachsen, auf dem heute bis zu 50 Meter hohe Bäume stehen. Der Torfboden speichert mit 3.000 bis 6.000 Tonnen pro Hektar bis zu 50-mal so viel CO_2 wie andere Regenwaldböden. Fällt der Torfboden trocken oder brennt gar, werden diese über Jahrtausende gespeicherten CO_2-Mengen innerhalb kürzester Zeit frei.

Die Zerstörung von Torfwäldern – in erster Linie zur Errichtung von Ölpalmplantagen – trägt momentan mit etwa drei Milliarden Tonnen CO_2 jährlich zum Klimawandel bei – das entspricht etwa 8 % der Emissionen durch die Verbrennung fossiler Energieträger weltweit.[18] Weil die meisten anderen landwirtschaftlichen Produkte nur schlecht auf den Torfböden wachsen, sind diese für Palmölproduzenten besonders attraktiv, denn die fehlende Konkurrenz macht die Flächen vergleichsweise billig. Aber selbst die Produktion von Ölpalmen erfordert, dass der Wasserstand der Torfböden auf etwa 75 Zentimeter (manchmal sogar wesentlich mehr) unter der Oberfläche abgesenkt wird, was durch das Ausheben langer Drainagekanäle erreicht wird. Durch die Trockenlegung kommt der Torfboden mit Sauerstoff in Berührung und wird rasch zersetzt, wobei CO_2 emittiert wird. Der nun trockenere Boden ist zudem sehr leicht entzündlich. Dass die angelegten Drainagekanäle nicht nur die Plantagen selbst entwässern, sondern häufig auch angrenzende Feuchtgebiete, erhöht den Klimaschaden und auch den Verlust an Biodiversität weiter. Gelangt Torf in das Wasser der Kanäle, verrottet er anaerob (also ohne Sauerstoff aus der Luft) unter Freisetzung von Methan, eines wesentlich klimaschädlicheren Gases als Kohlendioxid. Weil Torfböden oft sehr mächtig sind und der Abbau dementsprechend Jahrzehnte anhält, addiert sich der Klimaschaden Jahr für Jahr weiter. Verschiedene Studien kommen zu dem Schluss, dass schon über einen Zeitraum von 25 Jahren die CO_2-Emission 169 bis 723 Tonnen pro Hektar beträgt.[19]

Natürlich speichern auch Ölpalmen CO_2 in ihrem Holz und setzen Sauerstoff über ihre Palmwedel frei. Aber nur, wenn Ölpalmplantagen auf degradiertem Grasland (also alten Viehweiden) errichtet werden, können sie CO_2-Senken sein, also mehr CO_2 binden, als durch ihre Entwicklung frei wird. Im Vergleich zu den Regenwäldern, die sie bis heute zumeist ersetzen, speichern sie wesentlich geringere Mengen an CO_2 und setzen weniger Sauerstoff frei. Im Vergleich zu einem intakten Regenwald wird in einer Ölpalmplantage in der Biomasse über dem Boden circa 60 % weniger CO_2 gespeichert. Für die Gesamtbilanz der CO_2-Speicherung muss aber auch der Boden betrachtet werden: Auch die Böden unter Ölpalmplantagen speichern bis zu 21 % weniger CO_2 als die Böden intakter Regenwälder.[20] Auch hier stehen Ölpalmplantagen selbst im Vergleich zu anderen Intensivnutzungen wie Kautschukplantagen schlecht da.

Wird nur ein Hektar Regenwald in Indonesien in einen Hektar Ölpalmplantage umgewandelt, werden direkt 174 Tonnen CO_2 freigesetzt.[21] Den gleichen Klimaschaden erreicht man, wenn man 13-mal von Frankfurt nach New York und zurück fliegen würde.

Während Regenwaldbäume oft über Jahrhunderte CO_2 gespeichert haben, steht eine Ölpalme in einer Plantage nur 25 bis 30 Jahre. Danach wird das in ihr gespeicherte CO_2 direkt wieder freigesetzt, weil das Holz in der Regel verbrannt wird. Auch das ist indirekt ein Effekt von Monokulturen: In natürlichen Regenwäldern und artenreichen Mischkulturen fällt jederzeit Totholz an – und damit Nahrung für *Destruenten* (Zersetzer). In Ölpalmplantagen gibt es aufgrund der hohen Konformität auch im Hinblick auf das Alter der Bäume über viele Jahre gar keine für diese Organismen zu verwertende Biomasse. Wenn alle 25 bis 30 Jahre die Palmen der Plantage gefällt werden,

Ölpalmplantage mit Entwässerungsgräben in Costa Rica.

sind natürliche Destruenten schon lange kaum mehr vorhanden und eine natürliche Zersetzung damit zumindest stark verlangsamt. Um dann schnell Platz für neue Palmen zu machen, werden alte Stämme einfach verbrannt.

Auch die pflanzliche Biomasse (als Maß für funktionierende Stoffkreisläufe) beträgt bei einer Ölpalmplantage nur etwa 20 % (im Boden sogar nur 10 %)[22] im Vergleich zu einem natürlichen Regenwald.[23]

Möchte man die Klimawirkung von Palmöl insgesamt betrachten, darf eine solche Betrachtung aber nicht auf der Plantage enden. Die Produktion von Palmöl von der Pflanze bis zum Verbraucher benötigt in nahezu jedem Arbeitsschritt Energie, sei es für die Produktion chemischer Dünger, den lokalen und internationalen Transport oder die industrielle Verarbeitung. Wissenschaftliche Berechnungen sind zu dem Ergebnis gekommen, dass bei der Produktion von einer Tonne Rohpalmöl 0,86 Tonnen CO_2 emit-

Der Effekt auf das Klima

tiert werden, und damit etwa die gleiche Menge, die bei der Verbrennung von etwa 370 Litern Benzin entsteht.[24] Berechnet man all diese Klimaeffekte entlang der Wertschöpfungskette von der Errichtung einer Plantage bis zum rohen Palmöl, dann wird deutlich, dass Palmöl alles andere als ein klimafreundlicher Rohstoff ist.

Die Effekte auf Mensch und Gesellschaft

Während der Aufstieg der Ölpalme viele Menschen reich gemacht hat, stehen auf der anderen Seite eindeutige Verlierer dieser Entwicklung. Dazu gehören Menschen, die unter oft extrem schlechten Bedingungen auf den Plantagen arbeiten müssen, ebenso wie Menschen, deren Land zur Produktion von Ölpalmen enteignet wurde.

Schließlich entstehen durch den Verlust von Ökosystemleistungen in den Anbauregionen unmittelbar negative Effekt auf Menschen sowie langfristig negative soziale Effekte durch den Klimawandel.

Die Verlierer der Ölpalmplantagen

Es gibt eine ganze Liste an Gründen, warum Ölpalmplantagen auch sozial einige Problemherde bergen:

- die Nichtbeachtung von Arbeitsrechten, besonders bei ausländischen Arbeitern,
- Gesundheitsrisiken durch extreme Arbeitsbedingungen, vor allem schwere körperliche Arbeit unter tropischen Klimabedingungen,
- unzureichende Versorgung mit Schutzkleidung gegen mechanische und chemische Gefahren,
- Nutzung schlechter und daher gefährlicher Arbeitsgeräte,
- mangelnder Schutz vor und falsche Anwendung von Agrochemikalien,
- schlechte Wohnsituation von Arbeitern (wie mangelnde Hygiene, Überbelegung von Unterkünften und mangelnde Sicherheit),
- Einsatz von Kinderarbeit,
- Diskriminierung von ohnehin marginalisierten Gruppen (beispielsweise Landlose, Immigranten, Indigene, Frauen).

Im Jahr 2017 waren nach offizieller Statistik 77 % (328.400) der Arbeiter und Arbeiterinnen in den Ölpalmplantagen Malaysias ausländischer Herkunft.[25] Dabei wird davon ausgegangen, dass sich etwa noch einmal so viele Plantagenarbeiter*innen illegal im Land aufhalten.[26] Viele Arbeitsmigranten aus Indonesien, Nepal, Bangladesch oder Kambodscha versuchen, der Perspektivlosigkeit und Armut in ihren Heimatländern zu entkommen, und arbeiten für Hungerlöhne in Ölpalmplantagen in Malaysia.

Die, die sich illegal im Land aufhalten, sind praktisch Entrechtete ohne Zugang zu Gesundheitsversorgung oder dem Rechtssystem. Legal eingereiste Personen müssen Berichten zufolge oft ihre Papiere bei ihrem Arbeitgeber hinterlegen, sind von diesem Zeitpunkt an also leicht erpressbar und einfach auszubeuten. Ohnehin ist die Arbeit in Ölpalmplantagen prekär, obwohl die Gewinne durchaus mehr Spielraum lassen würden. Eine Publikation befand 2016, dass von den damals üblichen Weltmarktpreisen von 700 US-Dollar für eine Tonne unraffiniertes Palmöl nicht einmal 30 US-Dollar an die Arbeiter*innen in den Plantagen gingen. Selbst nach Abzug der Kosten für Maschinen und andere Einsätze gingen immer noch 300 US-Dollar an die Palmölkonzerne.[27] Eine erst sprunghafte und nun allmähliche Erhöhung des Mindestlohnes in Indonesien führt seit 2012 sogar dazu, dass in Malaysia ein Mangel an Plantagenarbeiter*innen herrscht, wodurch reife Früchte teilweise nicht geerntet werden können, was wiederum zu Einbußen in den Plantagen führt. Die Regierung Malaysias reagiert darauf bis jetzt aber nicht etwa mit einer Erhöhung des Lohns für Plantagenarbeiter oder der Verbesserung der Arbeitsbedingungen, sondern versucht, den Mangel mit Arbeitskräften aus Kambodscha aufzufangen.[28] Damit nicht genug: Oft sind Arbeitskräfte in den Plantagen nur als Tagelöhner angestellt, was ihre Position gegenüber den Plantagenbesitzern zusätzlich schwächt. Tagelöhner haben keinen Anspruch auf Lohn im Krankheitsfall und können jederzeit ohne Angabe von Gründen entlassen beziehungsweise nicht weiterbeschäftigt werden. Arbeitsmigranten müssen sich oft hoch verschulden, um die Reise aus ihren Heimatländern (ob legal oder illegal) und ihre Lebenshaltungskosten zu finanzieren. Dadurch steigt die Bereitschaft, jede Arbeit anzunehmen, sei sie auch noch so hart, gefährlich oder schlecht bezahlt.

In Indonesien spielt sich Ähnliches ab, nur stellt hier zusätzlich auch Kinderarbeit ein überaus großes Problem dar. Dabei erinnern die Arbeitsbedingungen allzu oft an Sklaverei. Wenn Arbeitskräfte in den Plantagen beispielsweise Quoten erreichen müssen, um ihren vollständigen Lohn zu erhalten, führt das in der Praxis oft dazu, dass die ganze Familie, inklusive Kindern, Teilbereiche der Arbeit übernimmt. Das kann von Fall zu Fall etwa das Aufsammeln einzelner Früchte oder der Transport der geernteten Fruchtstände, die wie bereits erwähnt bis zu 25 Kilogramm wiegen können, aus der Plantage zur nächstgelegenen Straße sein. Da die Familienmitglieder natürlich nicht offiziell bei dem jeweiligen Unternehmen angestellt sind, haben sie weder Anspruch auf Schutzkleidung noch auf Lohn über den des angestellten Familienmitglieds hinaus oder Anspruch auf Zahlungen bei Verletzung oder Krankheit.

Da es schwer ist, Ölpalmplantagen mit größeren Fahrzeugen zu durchqueren, werden Spritzmittel, egal welcher Art, meist von Hand ausgebracht. Oft wirken Mittel reizend auf Haut, Augen oder die Atemwege. Beim Sprühen der Chemikalien werden oft Spritzpistolen oder sogenannte Mikrosprüher verwendet. Der feine Nebel, den sie erzeugen, legt sich auf die Haut, gelangt in die Augen oder kann eingeatmet werden, wenn keine ausreichende Schutzausrüstung vorhanden ist. In vielen Plantagen sind die Arbeiter*innen aber keineswegs ausreichend ausgerüstet. Nur Gummihandschuhe und -stiefel reichen nicht, genauso wenig wie nur eine Atemschutzmaske. Es gibt auch Berichte von Arbeiter*innen, die ihre Schutzausrüstung selbst kaufen mussten.

Es wäre schön, sagen zu können, dass sich diese Zustände bessern, aber dem ist nicht so. Mit der Erhöhung des Mindestlohns in Indonesien haben sich lediglich die Wanderbewegungen der Arbeitsmigranten verschoben. Zu wirklichen Verbesserungen bei den Arbeitsbedingungen kommt es nicht. Gleichzeitig bestehen immer noch drastische Probleme bei der Arbeitssicherheit. Das liegt einerseits an der erwähnten fehlenden Schutzausrüstung, andererseits an mangelnder Aufklärung der Arbeiter über Gesundheitsrisiken und Schutzmaßnahmen bei der Benutzung von verschiedenen Pestiziden. Arbeiter*innen, die schlicht nicht wissen, dass etwas schädlich für sie ist, können sich nur schwer ausreichend dagegen schützen.

Zusätzlich zu den Arbeiter*innen in den Plantagen bekommt auch die lokale Bevölkerung die negativen Auswirkungen des Anbaus von Ölpalmen zu spüren. Nicht nur, dass Dünger und Pestizide in die Flüsse und letztlich ins Trinkwasser der Region gelangen können, die Plantagen können bei starken Regenfällen auch weniger gut Wasser aufnehmen als die natürliche Bewaldung. Wasser, das hier nicht aufgenommen werden kann, fließt weiter und sorgt woanders leicht für Überschwemmungen. Bei einer kleinen Plantage mag das kein Problem darstellen. Wenn das aber auf derartig großen Flächen geschieht wie in modernen Plantagenanlagen, steigt die Gefahr von Überschwemmungen erheblich.

Während eine Ölpalmplantage also nur einige wenige unterbezahlte Jobs für Plantagenarbeiter schafft, der Händler vom Verkauf und wir vom günstigen Einkauf von Palmöl profitieren, bedeutet die Plantage ein erhebliches

Ungeschützter Arbeiter beim Ausbringen von Pestiziden.

Gesundheits- und Sicherheitsrisiko für Anwohner, deren Lebensgrundlage und die Arbeiter*innen in den Plantagen. Bis heute wurde der Gewinn der einen über den Verlust der anderen gestellt. Das wird wohl in der absehbaren Zukunft auch so bleiben.

Diese negativen Effekte finden wir keinesfalls nur in Südostasien. Weil sich im Moment noch der Großteil der Palmölproduktion in dieser Region konzentriert, gibt es dort allerdings die meisten Studien zu den Effekten des Ölpalmanbaus auf Biodiversität und menschliche Gesellschaften. Dass die Lage etwa in Lateinamerika keineswegs besser ist, zeigt ein Beispiel aus Guatemala.[29] Durch den Einsatz von »Zwischenhändlern« kaufte hier der größte nationale Palmölproduzent mehrere Tausend Hektar Land von Kleinbauern zu einem Hektarpreis von teilweise nur 190 US-Dollar pro Hektar und damit weit unter dem marktüblichen Preis von 900 US-Dollar pro Hektar. Etwa 300 Kleinbauernfamilien ließen sich auf diesen unfairen Handel ein. Weil sie so keine Möglichkeit hatten, Lebensmittel auf eigenen Flächen anzubauen, verarmten die Bauern rasch. Versprechen, auf den Plantagen Arbeit zu finden oder Unterstützung bei der Produktion von Lebensmitteln zu erhalten, wurden nicht eingehalten.

Veränderte Landnutzung

Nicht nur für Biodiversität und Klima sind die Folgen beträchtlich, wenn Konzerne große Flächen Land kaufen und in Ölpalmplantagen umwandeln. Immer wieder und immer häufiger kommt es auch zu Konflikten um die von Landflächen bereitgestellten Ökosystemleistungen.

Besonders betroffen sind dabei meist indigene Völker, also Ureinwohner des jeweiligen Landes, deren Landrechte oft nicht eingetragen oder anderweitig festgeschrieben sind. Neben diesen indigenen Völkern sind es in der Regel Mitglieder des in Armut lebenden Teils der Bevölkerung, die unter der Landbesitz- und Landnutzungsänderung leiden.

Zum einen ist es der Verlust von Ökosystemleistungen, der diesen Menschen zu schaffen macht. Anders als wir sind sie unmittelbar darauf angewiesen, dass intakte Ökosysteme Trinkwasser filtern, fruchtbare Böden generieren sowie Rohstoffe und Nahrung bereitstellen. Während wir bestimmte Leistungen, etwa die Aufbereitung von Trinkwasser, technisch lösen und bezahlen beziehungsweise uns die an anderen Orten durch Ökosysteme geleisteten Services einkaufen und importieren können, haben arme Menschen diese Möglichkeiten nicht. Werden natürliche Ökosysteme durch intensive Landwirtschaftsformen und dann auch noch durch sich so massiv auswirkende wie Ölpalmplantagen ersetzt, steigen entweder die Lebenshaltungskosten oder sinkt die Lebensqualität dieser Menschen – und zwar dramatisch.

> ### BRUTTOSOZIALPRODUKT DER ARMEN
>
> Welche Bedeutung Ökosystemleistungen für das Wohlergehen von Menschen haben, die nicht in Industrienationen oder Ballungszentren von Entwicklungs- und Schwellenländern leben, lässt sich über die Berechnung des »Bruttosozialprodukts der Armen« (GDP of the poor) bemessen. Weil arme Menschen in ländlichen Regionen und indigene Völker, die oft direkt im und vom Wald leben, unmittelbar von Ökosystemleistungen abhängig sind, liegt der Beitrag von Ökosystemleistungen an ihrem Bruttosozialprodukt zwischen 50 und 90 %.[30] Berechnet man dagegen das Bruttosozialprodukt ganzer Länder, also gemittelt über alle Wirtschaftsleistungen und Regionen einer Nation, liegt dieser Wert bei »nur« 6 bis 17 %.
>
> In Indonesien, dem größten Palmölproduzenten der Welt, leben etwa 45 % der Menschen auf dem Land beziehungsweise in traditionellen Lebensformen.[31] Dieser Bevölkerungsanteil ist für die erbrachten Wirtschaftsleistungen wesentlich auf Ökosystemleistungen angewiesen. Ökosystemleistungen machen etwa 75 % des Bruttosozialprodukts dieser Menschen aus, obwohl Ökosystemleistungen am Bruttosozialprodukt Indonesiens insgesamt »nur« einen Anteil von 11 % haben.[32]

Die ländliche Bevölkerung macht in den beiden Hauptanbauländern von Ölpalmen knapp 45 % (Indonesien) beziehungsweise 24 % (Malaysia) der Gesamtbevölkerung aus. Werden die Ökosystemleistungen zerstört, dann leidet diese Bevölkerungsgruppe besonders dramatisch. Selbst wenn diese Menschen Arbeit auf den Ölpalmplantagen finden, gleicht das den wirt-

Die Effekte auf Mensch und Gesellschaft

Regenwaldzerstörung für Ölpalmplantage in Sumatra.

schaftlichen Verlust der vormals intakten oder halbwegs intakten Ökosysteme nicht aus.

Konflikte um Ökosystemleistungen resultieren aus folgender Gemengelage: Große Konzerne eignen sich mit der Bewirtschaftung riesiger Flächen für den Anbau von Ölpalmen auch die auf diesen (ursprünglich) vorhandenen Ökosystemleistungen an. Für deren Nutzung oder gar Zerstörung werden sie aber nicht zur Kasse gebeten. Menschen, die diese Ökosystemleistungen vorher kostenlos nutzen könnten, weil sie zum Beispiel Trinkwasser direkt aus Bächen oder Flüssen entnehmen konnten, müssen diese Dienstleistung nun einkaufen (etwa mit Wasser in Flaschen). Dies führt zu Konflikten zwischen einzelnen Menschen und Konzernen, die sich in der Regel unterhalb unseres Wahrnehmungsradars bewegen, und Konflikten, die sich zwischen Menschen abspielen. Hieraus können sich Konflikte bis hin zu gewalttätigen Auseinandersetzungen entwickeln, etwa wenn der Streit um Wasser, Weideflächen oder Brennholz mit Waffen ausgetragen wird. Letzten Endes können selbst weltweite Flüchtlingsbewegungen ihre Ursache in solchen Konflikten um Ökosystemleistungen beziehungsweise den fehlenden Zugang zu ihnen haben.

Die riesigen Monokulturen zerstören Biodiversität und gefährden Ökosystemleistungen vor Ort.

Landrechte

Ein großes Problem der armen Landbevölkerung in den Ländern, in denen Palmöl produziert wird, sind zudem die nicht klar geregelten Landrechte. Oft handelt es sich um seit Generationen de facto ausgeübte Rechte, die aber formalrechtlich nie bestätigt wurden. Wer seine Landrechte aber nicht rechtlich abgesichert geltend machen kann, wird bei Erschließungsgenehmigungen und der Umverteilung von Land auch nicht berücksichtigt.

Wenn menschliche Gemeinschaften aber solche nicht verbrieften Rechte de facto seit Jahrzehnten, Jahrhunderten oder gar noch länger ausüben, kommt es zu massiven Konflikten um Grundbesitzrechte und Entschädigungen. Hinzu kommt, dass im Zuge der Neuordnung von Landbesitz gemachte Versprechen seitens des Staates oder der jeweiligen Konzerne oft nicht eingelöst werden. Verschärft werden diese Konflikte durch die extreme Ungleichverteilung der Machtverhältnisse, bei denen einzelne Kleinbauern ihre Rechte gegen Regierungen oder globale Agrarkonzerne verteidigen müssten.

Im Jahr 2008 meldete eine indonesische Nichtregierungsorganisation – »Sawit Watch« – 513 solcher Konflikte allein in Indonesien. Dieselbe Organisation recherchierte, dass es bei solchen Konflikten zwischen 1998 und 2002 zu 12 Toten, 134 Menschen mit Schussverletzungen, 25 Entführungen und 936 Festnahmen kam. Zusätzlich wurden 284 Häuser und Hütten zerstört.[33]

Einer der Hauptgründe für diese Konflikte ist, dass in einigen Ländern viele Dörfer und Siedlungen auf Land stehen, das offiziell als Staatsbesitz deklariert ist. Aber auch ungeklärte Besitzverhältnisse oder betrügerische beziehungsweise falsche Annahmen über den Inhalt von Pachtverträgen für Land sind oft Streitgegenstand. So kommt es beispielsweise vor, dass Menschen, die glaubten, ihr Land für eine bestimmte Zeit an Plantagenbetreiber zu verpachten, Verträge unterschrieben, die den endgültigen Verkauf des Landes zu einem viel zu geringen Preis zur Folge hatten. Daher ist FPIC (*free, prior and informed consent*, also freie, vorherige und sachkundige Zustimmung) eine wichtige Voraussetzung für den Ankauf von Land durch Plantagenunternehmen (siehe Seite 103). Erst so kann sichergestellt werden, dass Landrechte nicht aufgrund fehlender Information oder gar unter betrügerischen Umständen an ein Unternehmen übertragen werden, ohne dass die

Kleinere Palmölbetriebe wie dieser in Ghana haben oft keine Chance gegen globale Agrarkonzerne.

andere Seite versteht, was geschieht. Dies ist besonders deshalb von großer Bedeutung, weil viele Bewohner*innen ländlicher Regionen außer dem Land, das sie besitzen, über keinerlei andere Sicherung ihrer Lebensgrundlage verfügen. Mit dem Verlust ihres Landes werden sie oft zu Bittstellern, die keine andere Wahl haben, als jede noch so schlecht bezahlte und gefährliche Arbeit anzunehmen, um ihren Lebensunterhalt bestreiten zu können.

Immer wieder werden auch Fälle bekannt, bei denen die staatliche Ordnungsmacht Siedlungen zerstört haben soll, um die Ansprüche von Palmölkonzernen durchzusetzen. Besonders populär wurde hier ein Fall aus dem Jahre 2013, bei dem das indonesische Militär gemeinsam mit der Polizei ein Dorf gestürmt haben soll, das innerhalb eines Gebietes lag, das zur Kultivierung mit Ölpalmen durch einen der größten Palmölkonzerne aus-

Die Effekte auf Mensch und Gesellschaft

geschrieben war. Ein konzerneigener Sicherheitsdienst soll dabei Unterstützung geleistet haben. Eine Woche lang dauerte dieser Einsatz, bei dem die Einwohner vertrieben und 150 Hütten zerstört worden sein sollen.[34] Dieser Bericht legte nahe, dass Regierung und Palmölkonzerne bei der Durchsetzung wirtschaftlicher Interessen eng zusammenarbeiten.

Voraussichtlich werden derartige Konflikte auch in Zukunft eine Rolle spielen, denn viele Konzerne besitzen große unerschlossene Flächen, oft im Ausland. Es wurde geschätzt, dass im Jahr 2013 allein malaysische Palmölkonzerne über Investitionen und Beteiligungen insgesamt 3.462.000 Hektar (34.620 Quadratkilometer) sogenannter Landbanken im Ausland zur Entwicklung vorhielten.[35] Das entspricht in etwa der Fläche Nordrhein-Westfalens. Der Großteil davon liegt in Indonesien und Papua-Neuguinea. Große Flächen wurden aber auch in Liberia, der Republik Kongo und Kambodscha erworben.

HANDEL UND INDUSTRIE

Welthandel mit Palmöl

Unsere – wenn auch junge – Geschichte mit der Ölpalme ist eng mit dem Aufkommen der Globalisierung verbunden. Zwar ist Palmöl schon etwas länger ein internationales Handelsgut, der Sprung in unser aller Lebenswelten konnte aber erst durch den starken Anstieg der interkontinentalen Handelsbeziehungen gelingen. Dabei spielten nicht nur verbesserte und schnellere Transportwege eine Rolle, sondern auch die staatliche Unterstützung und der Einstieg internationaler Investoren in den Palmölsektor.

Bereits zu Beginn des 20. Jahrhunderts wurde Palmöl nach Europa importiert. Diese frühen Palmölimporte kamen aus Westafrika, der wahrscheinlich ursprünglichen Heimat der Ölpalme. In den damaligen europäischen Kolonien wurden, finanziert durch Investitionen aus den Kolonialmächten, erste kommerzielle Plantagen angelegt. Bis in den Zweiten Weltkrieg hinein blieb Westafrika weltweit der Hauptproduktionsstandort für Palmöl. Nach dem Krieg stagnierte die kommerzielle Palmölproduktion in Westafrika mit der Unabhängigkeit der afrikanischen Staaten beziehungsweise kam langsam fast komplett zum Erliegen. Heute spielt die Produktion von Palmöl in Westafrika in erster Linie für den lokalen Markt eine Rolle. Angebaut werden Ölpalmen in Westafrika heute trotzdem immer noch extensiv. Teils agiert die Ölpalme dabei als Beimischung in kleinbäuerlichen Agroforstsystemen, bei denen eine Mischung verschiedener Nutzpflanzen auf einer Fläche angebaut wird. Die Weiterverarbeitung erfolgt in kleinen Mühlen und der Handel meist nur auf lokaler Ebene. Verwendung findet dieses Palmöl in erster

Linie als Lebensmittel. Ebenso werden Ölpalmen auch in Westafrika industriell angebaut, wenn auch in weit geringerem Maße als in Südostasien, und bedienen damit hauptsächlich die nationalen Märkte. Dabei ist die Produktion im Vergleich zu Südostasien auch in der Fläche sehr gering: Während weltweit auf Ölpalmplantagen im Mittel 2,4 Tonnen Palmöl pro Hektar produziert werden und in Malaysia etwa 4,3 Tonnen pro Hektar, liegt dieser Wert in allen palmölproduzierenden Ländern Afrikas bei unter 2 Tonnen pro Hektar, teilweise sogar noch deutlich darunter.[1] Weil die Nachfrage nach Palmöl in Westafrika die lokale Produktion übersteigt und industriell in Südostasien produziertes Palmöl extrem billig ist, wird selbst hier Palmöl aus Indonesien und Malaysia importiert. Nach Asien und Europa ist Afrika der Kontinent mit dem dritthöchsten Importvolumen an Palmöl. Der größte Importeur in Afrika ist Nigeria, das allein im Jahr 2015 etwa 570.000 Tonnen Palmöl importierte.[2]

Mit der Zucht von Ölpalmhybriden, der Entwicklung von neuen Verfahren der Gewinnung und Weiterverarbeitung von Palmöl und mit der in Malaysia staatlich geförderten Umwandlung von Kautschukplantagen zu Ölpalmplantagen nahm der Anbau von Ölpalmen nach einer Schwächung während des Zweiten Weltkrieges zunächst in den 1950er-Jahren in Malaysia und später auch in Indonesien Fahrt auf. Im Jahr 1966 übernahm Südostasien die führende Rolle im Palmölexport. Von den 1970er-Jahren bis in die 1980er-Jahre wuchs der Palmölsektor auch in Indonesien, und zwar zunächst in staatlichen Anbau- und Produktionssystemen. Mit der wirtschaftlichen Liberalisierung Indonesiens, gefördert durch die Verfügbarkeit billigen Landes und steuerliche Vergünstigungen, wurde Palmöl dort in den 1980er-Jahren zunehmend ein Feld für private Investoren.[3]

Weil Palmöl von allen Pflanzenölen die niedrigsten Produktionskosten aufweist – auch, weil Umwelt- und Sozialstandards in den Herkunftsländern schwach ausgeprägt sind und leicht umgangen werden können –, ist es auch heute noch ein beliebtes Spekulationsobjekt. Hinzu kommt, dass in Indonesien ein besonders günstiges Investitionsumfeld für ausländische Investoren geschaffen wurde. Das Ergebnis ist, dass Investoren aus Singapur und Malaysia heute mehr als zwei Drittel der Palmölproduktion in Indonesien kontrollieren. Gefördert wird das durch eine undurchschaubare Verflechtung von Politikern auf allen Verwaltungsebenen mit der Palmölindustrie. Eine immer

In Öltankern wird Palmöl über die Weltmeere transportiert.

noch grassierende Korruption und die oft verschleierte Vermischung von Politik und Privatwirtschaft, die den Zugang zu Land und Nutzungsrechten möglich machte, haben über Jahrzehnte die Etablierung von Ölpalmplantagen und den Handel mit Palmöl zu einem sehr lukrativen Geschäft gemacht.

Der Aufstieg der Palmölindustrie wäre ohne den weltweiten Umschlag von Waren sicherlich nicht in diesem Maße möglich gewesen. Erst unser nahezu grenzenlos globalisierter Handel öffnete das Palmöl das Tor zur Welt. Zwar war es schon vorher durch den hohen Ertrag der Ölpalme günstig zu produzieren und hatte eine gute Qualität. Aber erst günstige, schnelle Transportwege und der Abbau von Zöllen machten aus diesem Vorteil eine Vormachtstellung.

Anders als in Indien, das seine Importzölle auf Palmöl im März 2018 von 30 % auf 44 % anhob,⁴ um seine eigenen Produzenten zu schützen, fällt in

Deutschland nur der ermäßigte Umsatzsteuersatz von 7 % an, wenn Palmöl eingeführt wird.[5]

Der Großteil des in Malaysia und Indonesien produzierten Palmöls wird exportiert. Hauptabsatzmärkte sind die EU, Indien und China. Weltweit ist Indien der Hauptimporteur von Palmöl mit einem Anteil von 19,4 % an allen Importen, gefolgt von China (13,0 %), den Niederlanden (6,1 %), Pakistan (5,8 %) und Italien (4,3 %). Schlüsselt man die Importe nach Kontinenten auf, so führen asiatische Staaten 51 %, die EU 26 %, Afrika 12 %, der Mittlere Osten 4 % und Latein- und Nordamerika zusammen 7 % des importieren Palmöls ein.

WELTMARKTPREIS UND PREISSCHWANKUNGEN

Güter wie Palmöl werden nur zu einem sehr geringen Anteil auf lokalen Märkten gehandelt. Der Löwenanteil des Handels findet auf den Weltmärkten statt. Ein typisches Merkmal der Preisentwicklung tropischer Rohstoffe sind hohe Preisschwankungen auf dem Weltmarkt.[6] Während große Konzerne solche Schwankungen ausgleichen, mit ihnen spekulieren und sie eventuell sogar selbst zu ihren Gunsten beeinflussen können, sind Kleinbauern diesem Auf und Ab hilflos ausgeliefert. Entwickelt sich der Preis eines von ihnen produzierten Rohstoffs über einen gewissen Zeitraum positiv, nehmen Kleinbauern häufig Kredite auf, die sie bei einem Einbruch der Preise nicht mehr bedienen können. Die Folge ist eine dramatische Schuldenfalle, aus der es oft kein Entrinnen mehr gibt.

Der globale Palmölmarkt und Palmölhandel ist dabei eng vernetzt mit anderen Ölmärkten. So bewirkte etwa der Preisanstieg von Diesel (um 47 % zwischen Juni 2017 und Mai 2018) und ein Preisverfall beim Palmöl (−19 % im gleichen Zeitraum), dass beide Treibstoffe im Mai 2018 etwa den gleichen Preis von 51 Cent pro Liter erzielten. Damit wurde Palmöl besonders außerhalb Europas hochattraktiv als Beimischung zu Biodiesel.[7] In Europa wird von Naturschutz- und Umweltverbänden die Produktion von Agrarrohstoffen durchaus kritisch gesehen, aber auch hier werden etwa 50 % des importierten Palmöls als Treibstoff verwendet. Selbst wenn die EU die Verwendung von Palmöl für die Biokraftstoffproduktion ab 2021 verboten hätte (was kürzlich diskutiert wurde, nun aber doch nicht in dieser Weise umgesetzt wird – siehe Kapitel »Im Tank«), würden andere Absatzmärkte, und hier wohl vor allem China, das Exportdefizit vermutlich rasch auffangen.

Der internationale Handel von Palmöl ist geprägt durch einen besonderen Flaschenhals. Millionen von Menschen bewirtschaften riesige Flächen von Ölpalmplantagen. Die Weiterverarbeitung und der internationale Handel liegen dagegen in der Hand sehr weniger Konzerne, während die Abnahme für die Erstellung von Endprodukten wieder durch eine Vielzahl von Konzernen erfolgt. Anders als bei Kaffee oder Kakao, wo wenige europäische oder amerikanische Unternehmen die Hauptabnehmer des Rohstoffes sind und gegebenenfalls, getrieben durch Konsumenten, Druck auf die Produzenten ausüben (könnten), gibt es in den reichen Industrieländern keinen Hauptabnehmer. Das führt zumindest bislang dazu, dass von Industrieseite nur wenig Druck auf die Produzenten ausgeübt wird, ökologische und soziale Standards einzuhalten.

Wie bei vielen anderen Produktions- und Handelsketten wird die Verantwortung, eine Veränderung herbeizuführen, von Konzernen zu Verbrauchern und wieder zurückgeschoben.

Palmöl in der chemischen Industrie

Palmöl und Palmkernöl haben recht verschiedene Einsatzgebiete. Palmöl wird heutzutage zumeist in der Lebensmittelindustrie und zur Produktion von Biodiesel eingesetzt, wo es nach der Raffinierung ohne weitere Veränderungen in die Reaktoren zur Biodieselherstellung eingespeist werden kann. Ein kleinerer Teil davon wird für andere Industriebereiche in seine Bestandteile aufgespalten. Anders sieht es bei Palmkernöl aus. Hier wird der überwiegende Teil in der chemischen Industrie weiterverarbeitet. In manchen Fällen sind diese beiden Industrien natürlich schwer zu trennen. Viele Teilbereiche überlappen. Wir wollen die Einsatzgebiete zunächst genauer in Augenschein nehmen, bevor wir den Weg der Öle in unseren Alltag nachvollziehen.

Die Herstellung chemischer Produkte ist eine Schlüsselindustrie. Aus ihr kommen die Ausgangsstoffe für viele weitere Produkte und Wirtschaftszweige. Damit stehen weite Teile der weltweiten Industrieproduktion und auch große Teile unseres modernen Lebensstandards auf dem Fundament der chemischen Industrie. Aber auch diese fußt wiederum auf anderen Wirtschaftszweigen, denn die hergestellten Grundstoffe sind oft die chemisch gereinigten oder abgeänderten Formen von Stoffen, die wir aus natürlichen Ressourcen beziehen.

Mit einem Beispiel lässt sich das leicht erläutern: Möchte eine Privatperson ihre Kleidung reinigen, dann benutzt sie dafür unter anderem irgendeine Form von Waschmittel. Die Auswahl an Produkten und Herstellern ist hier groß, aber alle Waschmittel enthalten sogenannte waschaktive Substanzen, die den Schmutz aus der Wäsche lösen. Unabhängig vom Mischungsverhältnis des jeweiligen Waschmittels beziehen die Hersteller die enthaltenen Grundstoffe von der chemischen Industrie. Da diese Grundstoffe aber nirgendwo in großen Mengen in Reinform vorkommen, müssen sie zuerst aus anderen, natürlich vorkommenden Stoffen hergestellt werden. Und so schnell steht man als Verbraucher*in mit seinem Wäschekorb wieder in einer Ölpalmplantage in Südostasien, Afrika oder Lateinamerika. Der Stoff, aus dem die waschaktiven Substanzen hergestellt werden, ist nämlich zumeist Pflanzenöl. Durch chemische Umformung kann man daraus viele verschiedene waschaktive Substanzen gewinnen, alle mit leicht unterschiedlichen Eigenschaften, aus denen die Waschmittelhersteller dann nur noch ihre eigene Mischung zusammenstellen müssen.

> ## FETTSÄUREN – BAUSTEINE DER FETTE UND ÖLE
>
> Fette und Öle bestehen aus Fettsäuren: Kohlenstoffketten, die zumeist unverzweigt sind und an einem Ende eine »Carboxygruppe« (–COOH) tragen. In einem Fett oder Öl sind jeweils drei Fettsäuren an ein Molekül Glycerin gebunden. Man nennt dies »Triglycerid«. Die Eigenschaften der einzelnen Fettsäuren bestimmen dabei die Eigenschaften des Fetts oder Öls. Es lohnt sich die Merkmale der Fettsäuren genauer anzusehen:

- *Kurzkettige Fettsäuren* (bis 6–8 Kohlenstoffatome) besitzen in Reinform Schmelzpunkte zwischen –34 °C und 17 °C, sie sind bei Raumtemperatur also flüssig.

- *Mittelkettige Fettsäuren* (bis 12 Kohlenstoffatome) besitzen in Reinform Schmelzpunkte zwischen 17 und 44 °C, sie sind bei Raumtemperatur also größtenteils fest, was man sich aber nicht als einen harten Block, sondern eher als eine weiche Masse vorstellen kann.

- *Langkettige Fettsäuren* (bis 21 Kohlenstoffatome) besitzen in Reinform Schmelzpunkte zwischen 42 und 75 °C, sie sind bei Raumtemperatur also gänzlich fest.

Dies gilt so aber nur für sogenannte »gesättigte« Fettsäuren. Gesättigt ist eine Fettsäure dann, wenn alle Kohlenstoffatome ihrer Kette durch Einfachbindungen gekoppelt sind. Bei »ungesättigten« Fettsäuren hingegen sind ein oder mehrere der Kohlenstoffatome in der Kette über Doppelbindungen miteinander gekoppelt. Diese Doppelbindungen führen zu einer Erniedrigung des Schmelzpunktes.

Diese Eigenschaften einer Fettsäure kann man relativ komprimiert zusammenfassen, indem man die Anzahl der Kohlenstoffatome (und damit die Länge der Kette) sowie die Zahl der Doppelbindungen angibt. So trägt beispielsweise **Laurinsäure**, die den größten Anteil der Fettsäuren in Palmkernöl ausmacht, die Bezeichnung »**C 12:0**«. Sie besitzt 12 Kohlenstoffatome und keine Doppelbindungen – ist also gesättigt. Durch den hohen Anteil dieser kurzen Fettsäure in Palmkernöl bleibt es auch bei niedrigen Temperaturen flüssig. **Palmitinsäure (C 16:0)** und **Oleinsäure (C 18:1)**, die je etwa 40 % der Bestandteile von Palmöl ausmachen, bestehen also aus 16 beziehungsweise 18 Kohlenstoffatomen, und Oleinsäure besitzt eine Doppelbindung, ist also einfach ungesättigt. Gerade hier zeigt sich der Effekt der Doppelbindung: Während Palmitinsäure bei Raumtemperatur fest ist, führt die Doppelbindung in Oleinsäure dazu, dass sie schon bei 17 °C schmilzt. Sie ist also auch bei Raumtemperatur flüssig, obwohl die Kohlenstoffkette länger ist als die von Palmitinsäure.

Palmöl besteht, wie andere Pflanzenöle auch, aus verschieden langen und verschieden stark gesättigten Fettsäuren. Diese Kohlenstoffketten bestimmen die Eigenschaften eines Öls oder Fetts. Je länger sie sind und je weniger Doppelbindungen zwischen den einzelnen Kohlenstoffatomen vorkommen, desto eher ist das Fett beispielsweise bei Raumtemperatur fest. Ein höherer Gehalt an kürzeren Fettsäuren mit mehr Doppelbindungen (auch ungesättigte Fettsäuren genannt) zeichnet Öle aus, die auch unter Raumtemperatur nicht fest werden. Ungesättigte Fettsäuren sind chemisch weniger stabil, da die Doppelbindungen wesentlich leichter chemisch »angegriffen« werden können. Ein Öl mit vielen ungesättigten Fettsäuren verdirbt daher wesentlich schneller als eines mit einem höheren Anteil an gesättigten Fettsäuren.

Nach dem Raffinieren, also der Entfernung von Schwebstoffen und anderen ungewollten Inhaltsstoffen, können sowohl Palmöl als auch Palmkernöl in bis zu sechs verschiedene *Fraktionen* aufgespalten werden, die jeweils ihre eigenen, speziellen Eigenschaften aufweisen und mehr oder weniger gut für bestimmte Anwendungsgebiete geeignet sind. Dabei wird das Öl unter kontrollierten Bedingungen abgekühlt, bis das Stearin im Palmöl auskristallisiert (zum besseren Verständnis siehe auch das Kapitel »Die chemische Industrie«). Das enthaltene Olein bleibt bei diesen Bedingungen flüssig und kann abgeleitet werden. Diesen Prozess nennt man »fraktionierende Kristallisation«. Er kann mehrmals wiederholt werden, um noch reinere Fraktionen zu erzielen, weil sich nach dieser Prozedur immer noch hohe Anteile der jeweils anderen Fettsäure in den nun getrennten Fraktionen befinden. Erst durch wiederholte Fraktionierung steigt die Reinheit. Für viele Anwendungen reichen aber schon die weniger reinen Fraktionen. So erhält man aus Palmöl hauptsächlich die bereits erwähnte Palmitin- und Oleinsäure sowie in geringerem Maße Linol- und Stearinäure, während man aus der Fraktionierung von Palmkernöl insbesondere Laurinsäure, aber auch Myristin-, Stearin- und Oleinsäure gewinnt. Beispielsweise wird die noch unreine mittlere Fraktion Stearin *(mid stearin)* wegen ihrer Festigkeit, die dennoch das Verstreichen erlaubt, für die Herstellung von Margarine eingesetzt, während doppelt fraktioniertes Olein *(double olein)* wegen seiner Hitzebeständigkeit für besonders strapazierfähige Frittieröle Verwendung findet.[8]

Durch chemische Weiterverarbeitung der Fraktionen entstehen noch viele weitere Produkte, sogenannte Palmölderivate. Die chemische und physikalische Bearbeitung von Palmöl macht es oft erst als Rohstoff für die Herstellung bestimmter Produkte und vor allem zur Verwendung in der technischen und chemischen Industrie interessant.

Die einzelnen Bestandteile von Palmöl lassen sich trennen (»fraktionieren«), indem man die unterschiedlichen Eigenschaften gezielt ausnutzt – man kühlt das Öl einfach auf die genau Temperatur, bei der eine bestimmte Fettsäure fest wird, und filtert diese dann ab. Durch dieses Verfahren erhält man die verschiedenen *Fraktionen*, welche noch nicht sonderlich rein sind, mit relativ geringem Aufwand.[9]

In den weiterverarbeitenden Industrien können diese Fettsäuren verschiedenste Funktionen erfüllen. Sie haben aber oft ähnliche Anwendungsgebiete:

Anteil der Fettsäuren am Öl in Prozent.
Quelle: Ramos et al. 2009[10]; Lin, S. W.; Gunstone, F. (2002)[11]

Fettsäure	Palmöl	Palm-kernöl	Kokos-nussöl	Maisöl	Soja-bohnenöl	Sonnen-blumenöl
Laurinsäure (C12:0)	0,1	48,4	47,8	0,0	0,0	0,0
Myristinsäure (C14:0)	0,7	15,6	18,1	0,0	0,0	0,0
Palmitinsäure (C16:0)	36,7	7,7	8,9	6,5	11,3	6,2
Stearinsäure (C18:0)	6,6	1,9	2,7	1,4	3,6	3,7
Oleinsäure (C18:1)	46,1	15,0	6,4	65,6	24,9	25,2
Linolsäure (C18:2)	8,6	2,7	1,6	25,2	53,0	63,1
Linolensäure (C18:3)	0,3	–	–	0,1	6,1	0,2
Arachinsäure (C20:0)	0,4	–	0,1	0,1	0,3	0,3

▶ **Palmitinsäure** und ihre chemisch abgeänderten Formen finden sich beispielsweise in vielen Kosmetikprodukten, Waschmitteln und Seifen.

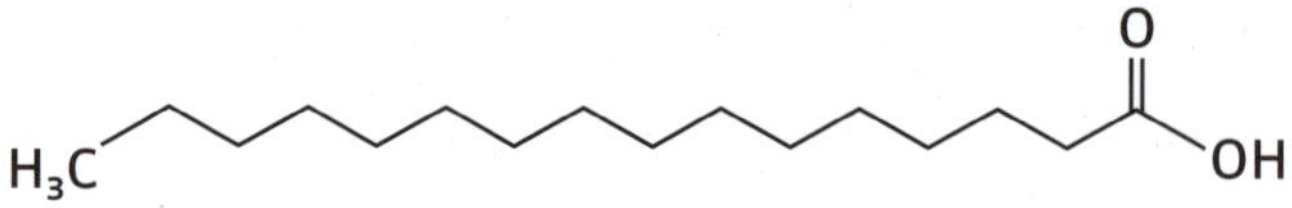

Palmitinsäure (C16:0)

▶ **Oleinsäure** wird ebenso in Seifen und Waschmitteln eingesetzt, ist aber auch als ein Bestandteil in Feuchtigkeitscremes zu finden und dient als Stabilisator in manchen Medikamenten.

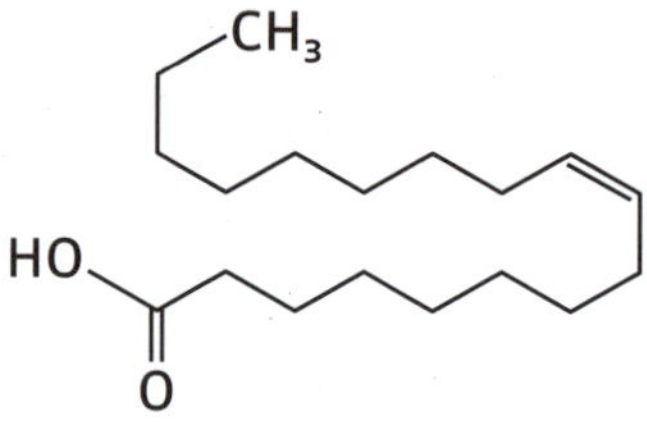

Oleinsäure (C18:1)

▶ **Stearinsäure** ist sehr vielseitig und wir in den verschiedensten Bereichen eingesetzt. Sie wird sowohl in Kosmetika und als Emulgator und Verdickungsmittel in Cremes, Shampoos und Rasierschaum, als auch zur Herstellung von Waschmitteln und Seifen verwendet. Auch Stearinkerzen bestehen, wie der Name schon vermuten lässt, fast vollständig aus Stearinsäure.

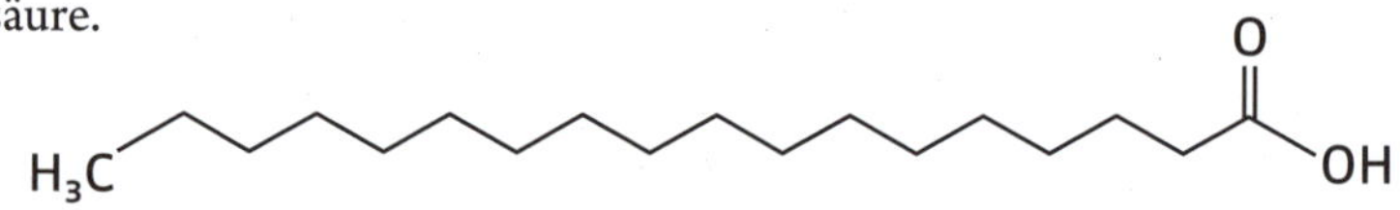

Stearinsäure (C18:0)

▶ Der Bestandteil, dem man als Verbraucher*in wohl am häufigsten begegnet, ist **Laurinsäure**. Sie ist der Hauptbestandteil vieler Kosmetikprodukte, Seifen und Reinigungsmittel.

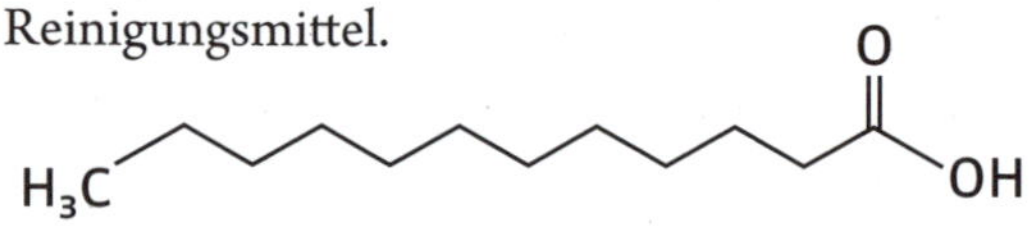

Laurinsäure (C12:0)

▶ **Myristinsäure** wird ebenfalls zur Herstellung von Seifen verwendet, viel weiter verbreitet ist allerdings ihre hydrierte Form als Fettalkohol. So benutzt man sie als Grundstoff für Salben und in Haut- und Feuchtigkeitscremes, setzt sie aber auch in anderen Körperpflegeprodukten und zur Herstellung von Waschmitteln ein.

Myristinsäure (C14:0)

Wie in der oben stehenden Tabelle verdeutlicht, kommen all diese Fettsäuren auch in anderen Pflanzenölen vor und könnten daher in jedem beliebigen Produkt auch aus anderen Quellen gewonnen worden sein als aus Palmöl oder Palmkernöl. Die hohe Verfügbarkeit und der geringe Preis auf dem Weltmarkt, die diese beiden Öle auszeichnen, erhöhen jedoch die Wahrscheinlichkeit stark, dass sich in dem Produkt, das man zu Hause in Händen hält, eben Grundstoffe aus Palmöl und nicht einem anderen Öl oder Fett befinden.

Palmöl in der technischen Industrie

Auch für die technische Industrie ist Palmöl ein wertvoller Grundstoff. Und auch hier wird es oft nach der Aufspaltung in seine Bestandteile genutzt.

Einer der wohl am weitesten verbreiteten Einsatzbereiche in der technischen Industrie ist der als Schmiermittel. Inzwischen kann man viele auf Mineralölbasis hergestellte Schmieröle und -fette durch solche auf Pflanzenölbasis ganz oder teilweise ersetzen. Palmöl ist hier als Lieferant für Fettsäuren wie Stearinsäure interessant, die mit anderen Inhaltsstoffen kombiniert und chemisch abgeändert Schmierstoffe für ein weites Spektrum an Anwendungen ergeben können. In diesem Fall macht es die Mischung: Bestandteile aus Palmöl sind nicht unbedingt der Hauptteil des Endproduktes. Sie können aber zum Beispiel als Verdickungs- oder Gleitmittel in Form von sogenannten Metallseifen oder in Verbindung mit anderen Additiven (Zusatzstoffen) dabei helfen, Öle auf ihren speziellen Verwendungszweck einzustellen.

Dabei lassen sich Eigenschaften wie Hitzebeständigkeit und das Verhalten bei Kälte, die Beständigkeit gegen Wasser (und damit auch der Schutz der geschmierten Bauteile vor dem Rosten) je nach chemischer Behandlung der Grundstoffe und der Zusammensetzung des fertigen Öls verändern. So finden Bestandteile aus Palmöl heutzutage Verwendung in Getrieben und Motoren, Hydrauliken, als Kühlschmiermittel oder schlicht als biologisch abbaubare Schmierfette an Maschinenteilen in der Landwirtschaft oder für Kettensägenfett in der Forstwirtschaft.

Aber das sind nur einige der Einsatzbereiche. Die aus Palmöl gewonnene Stearinsäure kann beispielsweise auch in chemisch abgeänderter Form als Stabilisator in PVC-Kunststoffen verwendet werden. Palmitinsäure dient oft als Trennmittel, damit sich Plastikflaschen oder Autoreifen bei der Herstellung leicht aus den Gussformen lösen lassen. Oleinsäure vereinfacht den Spinnvorgang bei der Textilherstellung und dient als Emulgator und Lösungsmittel in Spraydosen, während Linolsäure ein Bestandteil mancher Lacke und Ölfarben ist.

Noch werden Palmölbestandteile eher Ölen auf Mineralölbasis zugesetzt, aber auch das könnte sich ändern, denn Palmöl besitzt zusätzlich zu seinen positiven physikalischen und chemischen Eigenschaften einen entscheidenden Vorteil, der ihm hier, genau wie in der chemischen Industrie, zum Durchbruch verhelfen könnte: der unschlagbar günstige Preis. Zwar könnte Palmöl Mineralöle als Ausgangsstoff für die Industrie wohl nie ganz ersetzen, aber mit steigenden Preisen für Mineralöle wird Palmöl als Ersatzstoff interessanter. Eventuell werden Fortschritte in der Oleochemie zukünftig auch weitere Einsatzbereiche eröffnen. Gerade für die Herstellung zukünftiger Kunststoffe könnten Palmölderivate eine kostengünstige Alternative zur petrochemischen Herstellung sein.

PALMÖL IN UNSEREM ALLTAG

Palmöl ist allgegenwärtig

Auch wenn kaum ein durchschnittlicher mitteleuropäischer Mensch je eine Ölpalme gesehen hat, hat Palmöl in den letzten Jahrzehnten mehr und mehr Einzug in unser Leben gehalten. Es steckt in einer Vielzahl von Produkten, die wir wie selbstverständlich jeden Tag nutzen und in denen wir oft überhaupt kein Pflanzenöl vermuten.

Laut dem WWF enthalten die Hälfte aller verpackten (also weiterverarbeiteten und abgepackten) Produkte, die in den USA konsumiert werden, Palmöl.[1] Ganz so weit ist es in Deutschland und Europa vermutlich noch nicht, auch wenn dazu bisher verlässliche Zahlen fehlen. Dennoch sind wir auf dem Weg in eine ähnliche Richtung, und zwar nicht nur bei den Lebensmitteln. Palmöl kann viel mehr.

Palmöl und Palmkernöl zeichnen sich, wie bereits erwähnt, durch ihre Zusammensetzung aus, die eine gute technische und chemische Verwertbarkeit und Weiterverarbeitung ermöglicht. Da die Zusammensetzung der beiden Öle verschieden ist, kann man ihnen unterschiedliche Einsatzgebiete zuordnen, wenn diese sich auch teilweise überschneiden: Palmöl eignet sich sehr gut für den Einsatz in Nahrungsmitteln, während Palmkernöl sehr gut für die Weiterverarbeitung in Wasch-, Reinigungs- und Körperpflegemitteln eingesetzt werden kann.

Öle, die eine ähnliche Zusammensetzung aufweisen, könnten den beiden hier also den Rang ablaufen. Kokosöl besitzt beispielsweise eine Fett-

Auch Alternativen wie Kokosöl sind für die Herstellung von Waschmitteln und Kosmetika geeignet, jedoch teurer als Palmöl.

säurezusammensetzung, die mit der von Palmkernöl vergleichbar ist (siehe Seite 71). Man könnte unsere Waschmittel und Kosmetika also zum großen Teil auch ganz leicht aus Kokosöl herstellen. Natürlich würde das die Probleme, die mit dem Anbau von Ölpalmen verbunden sind, nicht lösen, da der Anbau von Kokospalmen gegenüber dem von Ölpalmen nicht unbedingt umweltfreundlicher oder unter besseren Arbeitsbedingungen vonstatten geht. Außerdem wäre die benötigte Anbaufläche für dieselbe Menge an Öl erheblich größer (siehe Seite 34). Grundsätzlich wäre es aber in vielen Bereichen möglich, Palmkernöl durch Kokosöl zu ersetzen – und in der Realität der Weltmärkte passiert das auch teils. Nur ist das von ganz anderen Überlegungen abhängig, als denen, die wir hier anstellen. Die Produzenten unserer Shampoos, Geschirrspülmittel und anderen Produkte achten allzu oft nicht auf Umweltschutz oder Arbeitsbedingungen. Genauer gesagt ist es wohl so, dass sie sehr oft überhaupt nicht wissen, wo und wie ihre Ausgangsstoffe produziert wurden. Das liegt vor allem daran, dass sie kein Palmkernöl einkaufen, sondern nur Fraktionen davon oder sogar schon weiter-

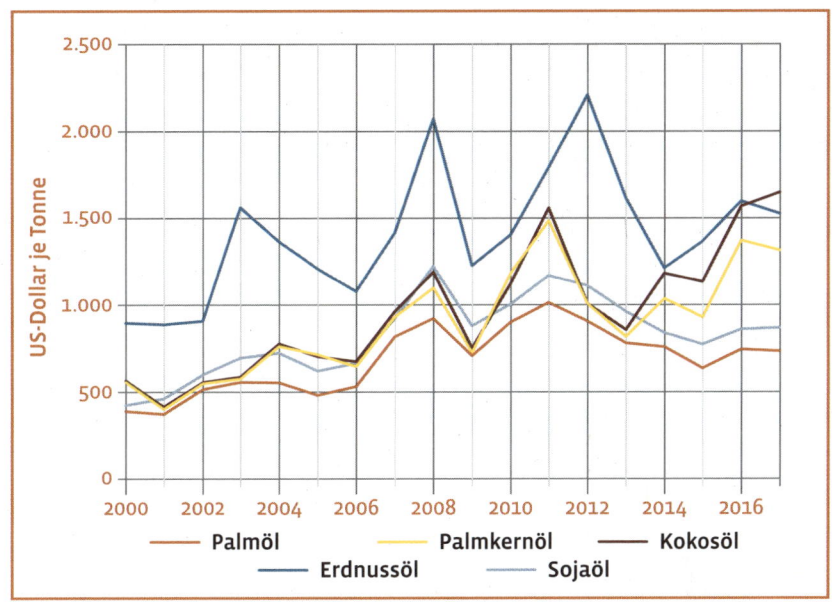

Preisentwicklung verschiedener Pflanzenöle auf dem Weltmarkt zwischen 2000 und 2017; Preis in US-Dollar pro Tonne.

verarbeitete Produkte daraus. Diese besitzen auf den Weltmärkten eine gewisse Anonymität – sie sind also oft gar nicht mehr mit dem Stoff, aus dem sie ursprünglich gemacht wurden, in Verbindung zu bringen, weil sie theoretisch auch aus anderen Ölen oder Fetten stammen könnten. Die Wahrscheinlichkeit, dass sie aus Palmkernöl stammen, ist allerdings sehr hoch. Das wiederum liegt vor allem an dem niedrigen Preis, zu dem Palmkernöl und daraus gewonnene Fraktionen und Derivate auf dem Weltmarkt erhältlich sind. Im Umkehrschluss heißt das aber auch, dass genauso andere Öle eingesetzt werden würden, wenn sie günstiger wären als Palmkernöl. Ähnliches gilt für das Palmöl, das zumeist in unseren Nahrungsmitteln zu finden ist. Wäre Sojaöl so viel billiger als Palmöl, dass auch der zusätzliche Verarbeitungsschritt der Fetthärtung durch Hydrierung nicht ins Gewicht viele, so würden wir wohl dessen Namen auf den Zutatenlisten unserer Lebensmittel lesen können.

Wie man im grafischen Vergleich der Preisentwicklungen erkennen kann, war der Einsatz von Alternativen zu Palmkernöl in den letzten Jahren eher

Palmöl ist allgegenwärtig

unrentabel. Während sich die Preise für Kokosöl und Palmkernöl bis etwa zum Jahr 2013 noch stark aneinander orientierten, ist der Preis für Kokosöl in den Jahren danach wesentlich stärker gestiegen. Diese Entwicklung scheint sich momentan zwar wieder umzukehren, da die Preise für Kokosöl zu Beginn des Jahres 2018 stark einbrachen – ob diese Entwicklung von Dauer sein wird, ist aber nur schwer abzusehen. Andere Alternativen zu Palmöl haben es ebenfalls schwer, denn Palmöl ist unter den meistgehandelten Ölen auf dem Weltmarkt seit langer Zeit konstant das Günstigste.

Im Badezimmer

Dass die Ölpalme und ihr Öl in Europa längst in unsere Badezimmer Einzug gehalten haben, liegt vor allem an der modernen Chemietechnik. Denn gerade hier wird Palmkernöl nahezu ausschließlich in chemisch umgewandelter Form eingesetzt. Es steckt in Seifen, Wasch- und Putzmitteln, Cremes, Duschgels, Shampoos, Schminke, Zahncreme und vielem mehr – kurzum: in allen erdenklichen Reinigungs- und (Körper-)Pflegemitteln, wobei der Anteil bei Flüssigwasch- und flüssigen Reinigungsmitteln wie zum Beispiel Handgeschirrspülmitteln besonders hoch ist. Wie erkennt man aber, ob Palm- oder Palmkernöl in den Produkten enthalten ist?

Die Kennzeichnung von Palmöl und Palmkernöl

Bei Kosmetika und Pflegeprodukten (wie Handseifen, Shampoos, Cremes etc.) ist die Kennzeichnung der Inhaltsstoffe relativ eindeutig. Sie richtet sich nach der Internationalen Nomenklatur für kosmetische Inhaltsstoffe (INCI). Das hat zwar einerseits den positiven Effekt, dass Allergiker*innen unabhängig von der Landessprache überall Produkte erkennen können, auf die sie sensibel reagieren. Andererseits muss man die Nomenklatur erst einmal kennen, bevor man überhaupt versteht, was in dem jeweiligen Produkt enthalten ist. Die komplette Liste an kosmetischen Inhaltsstoffen, die potenziell (und wegen des billigen Preises auch relativ sicher) aus Palmkernöl hergestellt werden, ist erschreckend lang. Sie finden Sie in dem kleinen Einkaufshelfer, der diesem Buch beigelegt ist. Für einen ersten Überblick über den Palmkernöleinsatz reichen aber einige Grundbegriffe, die wir Ihnen im Folgenden an die Hand geben wollen. Man kann jedoch auch unter Zuhilfenahme solcher Listen oft nicht endgültig sagen, ob Palmöl wirklich enthalten ist, da die Inhaltsstoffe zwar deklarationspflichtig sind, dabei aber nicht angegeben werden muss, aus welcher Quelle sie stammen.

Ein besonderes Problem bei der Suche nach enthaltenem Palmöl stellen Wasch- und Putzmittel dar (wie beispielsweise Allesreiniger, Fensterputzmittel, Vollwaschmittel etc.). Hier sind die Inhaltsstoffe nicht in gleicher Weise deklarationspflichtig wie bei Kosmetikprodukten, daher findet man meist nur Angaben zu anionischen und nichtionischen Tensiden. Tenside sind die wichtigste Gruppe innerhalb der waschaktiven Substanzen, die diesen Produkten einen Großteil ihrer Wirksamkeit verleihen – und sie werden meist aus Pflanzenölen hergestellt. Um welches Pflanzenöl es sich dabei handelt, muss auch hier nicht angegeben werden. Allerdings kann man davon

Das in Waschmitteln enthaltene Palmöl lässt sich oft nicht an den deklarierten Inhaltsstoffen ablesen.

ausgehen, dass es sich in den meisten Fällen um Palmkernöl handelt, da auch die Hersteller von Waschmitteln und Kosmetika ihre Produkte möglichst günstig produzieren wollen. Das heißt, dass die unten stehenden Stoffe in Wasch- und Putzmitteln durchaus auch vorkommen, aber eventuell in den Inhaltsstoffen nicht aufgeführt sind, da hier die Deklaration nicht in gleicher Weise vorgeschrieben ist wie bei Kosmetik- und Pflegeprodukten.

Auch, wenn man durch die reine Lektüre der Inhaltsstoffe selten mit absoluter Sicherheit sagen kann, ob Palmkernöl enthalten ist, gibt einem die Kenntnis einiger Begriffe ein gutes Gefühl dafür, in wie vielen Produkten des täglichen Gebrauchs Palmöl enthalten sein kann (und in den allermeisten Fällen wohl auch enthalten ist).

Chemische Ableitungen von Palmöl sind am häufigsten unter folgenden Bezeichnungen zu finden:

Stoffbezeichnung (INCI)	Findet Verwendung in:
Sodium Laureth Sulfate	Reinigungs- und Körperpflegemittel
Sodium Lauryl Sulfate	Reinigungs- und Körperpflegemittel, Zahncremes
Ammonium Lauryl Sulfate	Kosmetik
Sodium Palmate	Reinigungsmittel
Sodium Palmitate	(Kern-)Seife, Kosmetika
Isopropyl Palmitate	Kosmetika
Isopropyl Myristate	Kosmetika
Sodium Palm Kernelate	Reinigungs- und Körperpflegemittel
Lauryl Alcohol / Dodecanol	Reinigungs- und Körperpflegemittel
Alcohol Sulfates	Reinigungsmittel, Kosmetika
Cetyl Alcohol	Waschmittel, Cremes
Stearyl Alcohol	Parfum, Salben, Kosmetika, Shampoos
Sodium Stearate	Seifen, Cremes, Shampoos
Propylene Glycol	Cremes, Deo, Zahncremes

Wer sich das nicht merken kann oder möchte, ist oft gut beraten, schlicht nach einigen wenigen Schlüsselbegriffen beziehungsweise Teilbegriffen zu suchen:

Stoffbezeichnung (INCI)	Erläuterung
Palm- -Palmate -Kernelat	Abwandlung der Palmitinsäure. Mit diesen Schlüsselbegriffen ist die Herkunft aus Palmöl sicher.
Palmitic-; -Palmitate	Abwandlung der Palmitinsäure. Herkunft aus Palmöl sehr wahrscheinlich.
Lauryl- Laureth- -Laurate	Abwandlungen von Laurinsäure. Vor allem in Seifen, Reinigungs- und Körperpflegeprodukten sowie Kosmetika zu finden. Die Wahrscheinlichkeit, dass diese aus Palmöl gewonnen wurden, ist sehr hoch.
Oleic- Oleyl- -Oleate	Abwandlungen der Oleinsäure. Hauptsächlich in Seifen und Körperpflegeprodukten zu finden. Die Wahrscheinlichkeit, dass diese aus Palmkernöl gewonnen wurden, ist sehr hoch.
Cetyl- Cetearyl- Ceteareth-	Abwandlungen der Palmitinsäure und Stearinsäure. Vor allem in Kosmetika und Seifen zu finden. Die Wahrscheinlichkeit, dass diese aus Palmöl gewonnen wurden, ist sehr hoch.
Stearic- Stearyl- -Stearate	Abwandlungen von Stearinsäure. Vor allem in Seifen, Reinigungs- und Körperpflegemitteln sowie Kosmetika zu finden. Die Wahrscheinlichkeit, dass diese aus Palmöl gewonnen wurden, ist sehr hoch.
Myristic- Myristyl- -Myristate	Abwandlung der Myristinsäure. Vor allem in Cremes und Kosmetika zu finden. Die Wahrscheinlichkeit, dass diese aus Palmöl gewonnen wurden, ist eher hoch.
Capric-	Abwandlungen der Caprinsäure. Vor allem in Kosmetika und zur Herstellung künstlicher Aromen zu finden. Die Wahrscheinlichkeit, dass diese aus Palmöl gewonnen wurden, ist eher hoch.
Caprylic-	Abwandlungen der Caprylsäure. Vor allem in Seifen zu finden. Die Wahrscheinlichkeit, dass diese aus Palmöl gewonnen wurden, ist eher hoch.

Die Kennzeichnung von Alternativen

Es gibt inzwischen auch einige Firmen, die bei der Herstellung spezifisch darauf achten, kein Palmöl zu verwenden. Sie machen das meist entweder über eine zusätzliche, deutschsprachige Inhaltsstoffliste oder über die INCI-Bezeichnungen des alternativ verwendeten Pflanzenöls oder tierischen Fetts oder Öls deutlich. Auf den Namen folgen oft Bezeichnungen wie »seed oil«, schlicht »oil« oder »acid« als Bezeichnung für Fettsäuren.

Wenn Sie gezielt nach solchen alternativen Ölen suchen wollen, hilft Ihnen die folgende Liste von Ölen, die alternativ eingesetzt werden könnten, und deren INCI-Bezeichnungen:

Name	INCI-Bezeichnungen
Olive	Olive / Olea Europeae
Mais	Corn / Zea Mays
Kokos	Coconut / Cocos Nucifera
Sonnenblume	Sunflower / Helianthus Annuus
Soja (verschiedene Sorten)	Soybean / Soya / Glycine Soja
Raps (verschiedene Sorten)	Rapeseed / Canola / Brassica Napus / Brassica Campestris
Talg (Eingeweidefett)	Tallow / Adeps Bovis (Rind)
Schmalz (Schlachtfett)	Lard / Adeps Suillus (Schwein)

Es gibt noch viele andere Öle und Fette, die in Kosmetika und anderen Körperpflegeprodukten eingesetzt werden, aber dies sind die wichtigsten und am weitesten verbreiteten unter ihnen. Mit diesen Bezeichnungen erkennt man also schnell, ob Produzenten gezielt auf andere Inhaltsstoffe setzen als auf Palmöl und Palmkernöl. Das gilt allerdings nur für die unveränderten Öle und Fette. Sobald sie zu anderen Stoffen weiterverarbeitet wurden, werden die obenstehenden Bezeichnungen nicht mehr oder nur noch in Abwandlung auf den INCI-Listen vorhanden sein. Ein Beispiel dafür ist das oft in festen Handseifen zu findende »Sodium Tallowate«, welches aus Talg (zumeist von Rindern) hergestellt wird. Diese Art der Orientierung funktioniert aber

Alternativen zu Palmöl.

leider nicht immer zuverlässig. Bei Mischungen aus verschiedenen Bestandteilen taucht dann nur noch der Name der hauptsächlich enthaltenen Komponente auf. So können Stoffe, die beispielsweise den Wortteil »Coco« im Name tragen, durchaus auch aus Palmöl enthalten.

Aktuell fällt der Verbrauch an Palmöl und Palmkernöl in diesem Bereich noch vergleichsweise gering aus: Im Jahr 2015 wurden von den insgesamt etwa 1,344 Millionen Tonnen Gesamtimport etwa 24.000 Tonnen Palmöl (1,8 %) und 78.000 Tonnen (5,8 %) Palmkernöl für Wasch-, Reinigungs- und Pflegemittel sowie Kosmetika verbraucht.[2] Das ist zwar immer noch viel, im Vergleich zu dem Stand vor einigen Jahren ist es aber schon erheblich weniger geworden.

Im Badezimmer

Umweltfreundliche Tenside?

Eine momentan besonders bei Wasch- und Reinigungsmitteln eingesetzte Strategie mancher Hersteller lässt sich fast schon als gezielte Auslassung von Fakten beschreiben, wenn nicht sogar als Verbrauchertäuschung: In den letzten Jahren häufen sich Produkte wie Geschirrspülmittel, Fensterreiniger und Waschmittel, die durch das Produktdesign ein umweltbewusstes Image aufbauen und mit Hinweisen wie »Tenside auf pflanzlicher Basis« oder »Enthält pflanzlich basierte Tenside aus europäischem Anbau« versehen sind. Bei dem ersten Hinweis kann nicht ausgeschlossen werden, dass es sich bei der pflanzlichen Basis um Palmkernöl handelt – ganz im Gegenteil ist es sogar sehr wahrscheinlich (eigene Erkundigungen bei Unternehmen bestätigten das). Hier wird also ein fragwürdiger Inhaltsstoff als begrüßenswerte, umweltfreundliche Neuerung hingestellt, auf die ahnungslose, aber umweltbewusste Verbraucher*innen durchaus hereinfallen können. Kommen wir zum zweiten, etwas vielversprechenderen Hinweis: »Pflanzliche Tenside aus europäischem Anbau« hören sich ja durchaus umweltfreundlicher an als Palmkernöl. Sie sind es in den meisten Fällen wohl auch. Allerdings verspricht der Hinweis nicht, die Tenside würden *ausschließlich* aus Pflanzenölen hergestellt, die aus europäischem Anbau stammen. Wir stellten Produktanfragen an die Herstellerfirmen. Das Ergebnis war, dass der Anteil dieser Tenside aus europäischem Anbau auch äußerst gering sein kann: Das einzige Produkt, bei dem die enthaltenen Tenside auch zu 100 % aus Pflanzenölen aus europäischem Anbau stammten, war eine Scheuermilch. Während bei einem Allesreiniger der Anteil der Tenside aus europäischem Anbau noch 27 % betrug, waren es bei einem WC-Reiniger nur noch 16 %, bei Spülmitteln schon nur noch 4 % bis 5 %. Ein Fensterreiniger trug sogar die Bezeichnung, obwohl in ihm nur 0,08 % der pflanzlich basierten Tenside aus europäischem Anbau stammten. Der Rest der enthaltenen Tenside war in allen Fällen zwar ebenfalls pflanzlich basiert, allerdings nicht aus europäischem Anbau. Hier wäre es das Mindeste, den prozentualen Anteil der Tenside »aus europäischem Anbau« mit auf das Produkt zu schreiben. Leider passiert das sehr selten.

Zum Frühstück

Ebenfalls sehr häufig ist Palmöl in Lebensmitteln zu finden. In Deutschland wurden im Jahr 2015 ganze 275.500 Tonnen Palmöl und Palmkernöl in unsere Lebensmittel gemischt.

In Lebensmitteln finden wir, anders als in Reinigungsmitteln und Kosmetika, vor allem Palmöl. Im Jahr 2015 wurden in Deutschland 246.500 Tonnen (18,5 %) Palmöl zur Lebensmittelproduktion verwendet. Palmkernöl spielt hier mit etwa 29.000 Tonnen (2,2 %) eine untergeordnete Rolle. Der Unterschied ist auch hier wieder vor allem damit zu erklären, dass sich die physikalischen Eigenschaften von Palmöl und Palmkernöl unterscheiden. Während Palmkernöl sich vor allem für die Produktion von Tensiden, zum Beispiel in Reinigungsmitteln, und anderen Chemikalien eignet, ist Palmöl für diese Produkte weniger gut einsetzbar. Es sorgt dafür aber für eine verbesserte Konsistenz vieler verarbeiteter Lebensmittel bei Raumtemperatur und schmilzt bei Körpertemperatur, was für ein angenehmes Mundgefühl und zarten Schmelz sorgt. Beim Schmelzen erzeugt es zudem eine behagliche Kühle im Mund und wird daher auch besonders gern in Produkten wie Eiskonfekt, Schokoriegeln sowie Schokoladen- oder Nougatcremes verwendet.

Wie Palmöl unsere Mägen füllt

Der Einsatz von Palmöl in Lebensmitteln geht allerdings weit über diese Produkte hinaus und betrifft auch Produkte, die viel selbstverständlicher in unserem Speiseplan zu finden sind. Beispielsweise enthalten vor allem Margarine, aber auch andere Aufstriche oft sehr hohe Palmölanteile. Auch Konditorwaren, insbesondere Produkte aus Blätterteig oder Plunder, aber auch Kuchen, Cremes oder Kekse, enthalten erstaunlich oft und häufig auch viel Palmöl. Selbst Toast, Fertigpizza und alle möglichen Formen von Knabbergebäck können Palmöl beinhalten. Allerdings ist der Einsatz hier nicht so verbreitet beziehungsweise die benötigten Mengen nicht so hoch wie bei den anderen Produkten.

Dies ist aber nur eine Momentaufnahme. Denn sollten andere Pflanzenöle, in Deutschland insbesondere Rapsöl, einmal weniger gut verfügbar, teurer oder in einem anderen Bereich verstärkt eingesetzt werden, kann es gut sein, dass man sie durch Palmöl ersetzt. Davon wären dann Produkte wie Mayonnaise, Remoulade, Grillsaucen, Salatdressings, Babynahrung, viele Weißbrotsorten aus dem Supermarkt und ein wesentlich größerer Teil von Fertiggerichten betroffen, als es heute der Fall ist.

Produktgruppen, die momentan potenziell Palmöl enthalten

Konditorwaren	Blätterteig, Plunder, Kuchen, Torten, alle Arten von Keksen, Waffeln
Gebäck	Zwieback, Knäckebrot, Brötchen aus Automatenbäckereien, Backmischungen
Brotaufstrich	Margarine, Schokoladen- und Nougatcremes, Gemüseaufstrich, Pasteten, Geflügelfleischaufstrich, eigentlich fast alle Sorten, außer stark milchhaltige wie Frischkäse.
Cerealien	Müslimischungen und -riegel, Frühstücksflocken aller Art
Süßigkeiten	Schokoriegel, Pralinen, Schokolade, Speiseeis, Schokoküsse, Schokoladenglasuren, Ganache
Salzgebäck	Kartoffel- und Tortilla-Chips, Salzstangen und -brezeln, Erdnussflips, Cracker aller Art
Babynahrung	Milchnahrung und -brei
Fertiggerichte	Fertigpizza, Lasagne und andere Nudelgerichte, Aufläufe, Fertigsuppen und -saucen aller Art, Rahmspinat, Klöße
Würzmischungen	Gemüsebrühen und -fonds aller Art, Suppenwürze, Currymischungen
Sonstiges	Kaffeeweißer, Frittieröle

Diese Liste gilt vor allem für Produkte, die in Deutschland hergestellt wurden. Bei Produkten aus andern EU-Staaten oder außereuropäischen Ländern, die in unseren Supermarktregalen landen, kann sich das durchaus unterscheiden. Zudem ist bedenklich, dass auch viele Bioprodukte oder Lebensmittel speziell für vegetarische und vegane Ernährung Palmöl enthalten – und davon oft recht viel. Dies liegt wohl vor allem an dem Produktversprechen des in Europa immer öfter genutzten zertifizierten Palmöls (siehe Kapitel V – »Die wichtigsten Siegel«), mit dem die Hersteller dieser Produkte einem Vertrauensverlust ihrer konsumbewussten Kunden- und Zielgruppe vorzubeugen hoffen. Möchte man auch dem entgehen, muss man nach Produzenten suchen, die bewusst auf Palmöl verzichten.

Die Kennzeichnung von Palmöl und Palmkernöl

In Bezug auf die Kennzeichnung von Palmöl in Lebensmitteln setzte sich seit dem 13. Dezember 2014 einiges in Bewegung, denn seitdem müssen die Hersteller von Lebensmitteln aufgrund einer EU-Verordnung in der Zutatenliste Palmöl und Palmkernöl genauer ausweisen.[3] Zuvor war es möglich, Pflanzenöle unabhängig von ihrer Herkunft einfach nur als »Pflanzenöl« zu bezeichnen. Inzwischen müssen die Öle, auch wenn verschiedene in einem Produkt enthalten sind, einzeln genannt werden. Dabei wird nicht zwischen Palmöl und Palmkernöl unterschieden, aber zumindest muss der Wortteil »Palm« in der Zutatenliste zu finden sein. Zu lesen sind dann zumeist entweder direkt Bezeichnungen wie »Palmöl« oder »pflanzliche Fette (Palm)« Zwar können Bestandteile aus Palmöl nach wie vor als Emulgatoren oder andere eher technische Stoffe in Nahrungsmitteln enthalten sein, ohne dass man sie speziell deklarieren müsste. Trotzdem hat die Verordnung den positiven Effekt, dass Verbraucher*innen sich leichter informieren können, ob größere Mengen Palmöl in dem jeweiligen Lebensmittel stecken. Vielleicht ist auch dass ein Grund, warum zwischen den Jahren 2013 und 2015 der Einsatz von Palmöl in Lebensmitteln um 10 %, beziehungsweise 45 % im Fall von Palmkernöl, abgenommen hat.[4]

Wie erwähnt, gibt es aber auch einige Lebensmittelzusatzstoffe, die weiterhin Palmöl enthalten können, ohne dass dies kenntlich gemacht werden müsste. Sie können auf den Zutatenlisten unserer Lebensmittel entweder mit ihrem Namen oder der E-Nummer angegeben werden, mit der sie im Anhang der Zusatzstoff-Zulassungsverordnung (ZZuIV) gelistet sind.[5] Es ergibt sich hier bei vielen der Lebensmittelzusatzstoffe ein ähnliches Problem, wie man es noch vor Ende 2014 mit dem Begriff »Pflanzenöl« hatte. Nur, dass der Begriff hier »Speisefettsäure« ist beziehungsweise in vielen Zusammenhängen »Mono- und Diglyceride von Speisefettsäuren« (MDG). Auch hinter diesem Namen kann sich Palmöl, aber auch praktisch jedes andere pflanzliche oder auch tierische Fett oder Öl verbergen. Es kommt dabei wie immer auf Preis, Verfügbarkeit und Eignung der jeweiligen Fettsäuren an – unter den geeigneten und verfügbaren Stoffen wird wahrscheinlich der günstigste auf unseren Tellern landen.

In der folgenden Liste finden Sie Stoffe, die oft aus Palmöl oder Palmkernöl hergestellt werden.

E-Nummer	Lebensmittelzusatzstoff	Verwendung
E 270	Milchsäure	Säuerungs- und Konservierungsmittel, Farbstabilisator
E 304a	Ascorbylpalmitat	Antioxidationsmittel, Emulgator, Farbstabilisator
E 304b	Ascorbylstearat	Antioxidationsmittel, Emulgator, Farbstabilisator
E 422	Glycerin	Träger- und Füllstoff, Trenn- und Feuchthaltemittel
E 432	Polysorbat-20	Emulgator, Komplexbildner
E 433	Polysorbat-80	Emulgator, Komplexbildner
E 434	Polysorbat-40	Emulgator, Komplexbildner
E 435	Polysorbat-60	Emulgator, Komplexbildner
E 436	Polysorbat-65	Emulgator, Komplexbildner
E 470a	Natrium-, Kalium- und Calciumsalze von Speisefettsäuren	Emulgator, Träger- und Füllstoff, Trenn- und Schaummittel
E 470b	Magnesiumsalze von Speisefettsäuren	Emulgator, Träger- und Füllstoff, Trenn- und Schaummittel
E 471	Mono- und Diglyceride von Speisefettsäuren (MDG)	Emulgator, Mehlbehandlungs- und Schaummittel
E 472a	Essigsäureester von MDG	Emulgator, Mehlbehandlungs- und Schaummittel
E 472b	Milchsäureester von MDG	Emulgator, Mehlbehandlungs- und Schaummittel
E 472c	Citronensäureester von MDG	Emulgator, Mehlbehandlungs- und Schaummittel
E 472e	Mono- und Diacetylweinsäureester von MDG	Emulgator, Mehlbehandlungs- und Schaummittel
E 472f	Gemischte Wein- und Essigsäureester von MDG	Emulgator, Mehlbehandlungs- und Schaummittel
E 473	Zuckerester von Speisefettsäuren	Emulgator
E 474	Zuckerglyceride	Emulgator

E-Nummer	Lebensmittelzusatzstoff	Verwendung
E 475	Polyglycerinester von Speisefettsäuren	Emulgator
E 476	Polyglycerin-Polyricinoleat	Emulgator, Stabilisator
E 477	Propylenglycolester von Speisefettsäuren	Emulgator
E 479b	Thermooxidiertes Sojaöl, verestert mit MDG	Emulgator, Träger- und Füllstoff, Trennmittel
E 481	Natriumstearoyl-2-lactylat	Emulgator, Mehlbehandlungsmittel
E 482	Calciumstearoyl-2-lactylat	Emulgator, Mehlbehandlungsmittel
E 483	Stearyltartrat	Emulgator, Mehlbehandlungsmittel
E 491	Sorbitanmonostearat	Emulgator
E 492	Sorbitantristearat	Emulgator
E 493	Sorbitanmonolaurat	Emulgator
E 494	Sorbitanmonooleat	Emulgator
E 495	Sorbitanmonopalmitat	Emulgator
E 620	Glutaminsäure	Geschmacksverstärker
E 1518	Glycerintriacetat (Triacetin)	Träger- und Füllstoff, Trennmittel

Wie in der rechten Spalte der Tabelle sichtbar wird, ist eine Gruppe von Lebensmittelzusatzstoffen besonders stark vertreten – Emulgatoren. Sie sorgen bei Lebensmitteln vor allem dafür, dass nicht miteinander mischbare Flüssigkeiten (wie Öl und Wasser) trotzdem miteinander vermengt werden können. Die Tenside in Waschmitteln funktionieren übrigens auf eine sehr ähnliche Art und Weise.

Das in der Liste ebenfalls genannte Glycerin ist ein in hohen Mengen produzierter Stoff, da es bei der Produktion von Biodiesel als eine Art Abfallstoff anfällt.[6] Wer es in großen Mengen konsumiert, es aber vielleicht gar nicht weiß, sind die Nutzer sogenannter E-Zigaretten. Denn Propylenglycol und Glycerin stellen die Hauptbestandteile der Liquids dar, die in E-Zigaretten verdampft werden. Das ist aber keineswegs das einzige Einsatzgebiet. Glycerin kann auch in unseren Lebensmitteln oder Körperpflegeprodukten landen.

Zum Frühstück

Im Tank

Ein großer Teil des in Deutschland verbrauchten Palmöls landet an einer Stelle, an der es nur wenige erwartet hätten: in unseren Fahrzeugen und Kraftwerken. Viele Menschen haben zwar schon mal etwas von Biodiesel oder HVO (hydrierte pflanzliche Öle) gehört und wissen, dass diese teilweise zum Betreiben von Pkws und Lkws genutzt werden, aber von der Verheizung von Palmöl zur Erzeugung von Strom und Wärme bekommt man als Verbraucher*in nur sehr wenig mit.

Bei der Beimischung von Produkten aus Palmöl zu Kraftstoffen geht es allerdings nicht um die E5- oder E10-Kraftstoffe, denn bei diesen steht das »E« für Ethanol, welches aus zucker- und stärkehaltigen Pflanzen gewonnen wird.[7] Biodiesel dagegen wird aus Pflanzenöl hergestellt und ist damit ein Topkandidat bei der Verwendung von Palmöl.

Woraus besteht Biodiesel?

Die grundsätzliche Herstellung von Biodiesel ist relativ einfach erklärt: Öle und Fette bestehen aus Glycerin und drei daran gebundenen Fettsäuren. Sie werden daher als Triglyceride bezeichnet. Bei der Herstellung von Biodiesel trennt man diese drei Fettsäuren vom Glycerin, einem dreiwertigen Alkohol. Das geschieht, indem man Glycerin an jeder Fettsäure durch einen einwertigen Alkohol ersetzt. Dabei kommt hauptsächlich Methanol zum Einsatz. Theoretisch könnte man aber auch andere, wie zum Beispiel den bekannten Trinkalkohol Ethanol, einsetzen. Dies lässt sich bei sauren oder basischen Umgebungsbedingungen und relativ niedrigen Temperaturen von um die 60 bis 70°C herbeiführen. Nun erhält man Glycerin und die abgespaltenen, an Methanol gebundenen Fettsäuren. Dabei sammeln sich das Glycerin und der restliche Alkohol im unteren Teil des Reaktorbehälters und kann dadurch leicht abgepumpt werden. Die an einen Alkohol gebundenen Fettsäuren, die oben aufschwimmen, sind der Stoff, aus dem Biodiesel besteht.[8] Sie werden als Fettsäuremethylester (*fatty acid methyl ester* – FAME) bezeichnet, da sie an Methanol gebunden wurden.

In der Praxis ist das alles ein wenig komplizierter beziehungsweise technisch etwas aufwendiger. Beispielsweise müssen viele Öle von Schleimstof-

Selbst im Tank kommt Palmöl zum Einsatz.

fen und freien Fettsäuren (die nicht an Glycerin gebunden sind) oder anderen Stoffen gereinigt werden, bevor man daraus Biodiesel herstellen kann. Außerdem muss der Prozess der Trennung der Fettsäuren von Glycerin und Bindung an Methanol (den man chemisch als *Umesterung* bezeichnet) mehrmals wiederholt werden, um die Ausbeute zu erhöhen. Nicht umgesetztes Methanol muss zurückgewonnen werden und sowohl das Glycerin als auch die Fettsäuremethylester müssen nach der Reaktion aufgereinigt werden, bevor man sie weiterverwenden kann.

Wenn der Ausgangsstoff für FAME Palmöl war, so bezeichnet man das Produkt als Palmmethylester (PME). Waren es aber Rapsöl oder Sojaöl, so werden sie als Rapsmethylester (RME) oder Sojamethylester (SME) bezeichnet. Die unterschiedlichen Eigenschaften der verwendeten Öle beziehungsweise der darin enthaltenen Fettsäuren haben dabei direkte Auswirkungen auf die Eigenschaften des resultierenden Biodiesels. Beispielsweise sorgen kurzkettige und gesättigte Fettsäuren (wie bei Palmöl) für sehr gute Zündeigenschaften und eine lange Haltbarkeit, während langkettige und ungesättigte Fettsäuren (wie beispielsweise bei Rapsöl) auch bei niedrigen Temperaturen für flüssigen Treibstoff sorgen. Die unangenehmen Nebeneffekte sind dementsprechend, dass Biodiesel aus Palmöl bei niedrigeren Temperaturen im Tank fest wird, während Biodiesel aus Rapsöl nicht so gut zündet und sich schneller im Tank zersetzen kann.

Allerdings wird Biodiesel sehr selten allein in Dieselmotoren verfeuert, sodass diese Probleme in der Regel gar nicht auftreten. Länderabhängig gibt es standardmäßig Mischungen von herkömmlichem, auf Mineralöl basiertem Dieselkraftstoff mit Biodiesel in folgenden Anteilen:

- 2 % Biodieselanteil, 98 % Diesel (→»B2«)
- 5 % Biodieselanteil, 95 % Diesel (→»B5«)
- 7 % Biodieselanteil, 93 % Diesel (→»B7«)
- 20 % Biodieselanteil, 80 % Diesel (→»B20«)

Zudem gibt es noch »B100«, also reinen Biodiesel. In Deutschland üblich ist nur der »B7« genannte Kraftstoff mit 7 % Biodieselanteil. Dabei wird in Deutschland hergestellter Biodiesel hauptsächlich aus Rapsöl gewonnen, aber auch Palmöl wird dafür verwendet. Im Jahr 2015 betrug dieser Anteil 9,6 % (circa 127.780 Tonnen) am insgesamt in Deutschland verbrauchten Palmöl. Palmkernöl wird in diesem Bereich übrigens nicht verwendet, da es auf dem Weltmarkt teurer als Palmöl gehandelt wird und besser für andere Zwecke geeignet ist.

Hydrierte pflanzliche Öle, welche vor allem Dieselkraftstoffen zugesetzt werden, machten einen weiteren Anteil von 12,3 % (circa 163.620 Tonnen) des importierten Palmöls aus, während 6,2 % (circa 83.110 Tonnen) zu Brennstoffen für die Wärme- und Stromerzeugung verarbeitet wurden. Damit wurden etwa 22 % des importierten Palmöls als Kraftstoff und etwa 6 % für Brennstoff verwendet – insgesamt belief sich dieser Anteil auf 28 %. Dieser hohe Prozentsatz kommt vermutlich auch daher, dass Biodiesel, der im Land- und Forstwirtschaftssektor verbraucht wird, in Deutschland steuerfrei ist beziehungsweise die gezahlte Steuer erstattet wird.[9]

Im Bereich der Kraftstoffe zeichnet sich momentan ebenfalls eine positive Entwicklung ab, denn der Anteil von palmölbasierten Kraftstoffen an der Gesamtmenge an Biokraftstoffen hat seit 2013 merklich von circa 21 % auf etwa 10 % abgenommen und wurde dabei hauptsächlich durch Rapsöl aus deutscher oder europäischer Produktion ersetzt.[10]

Biodiesel – ein gesamteuropäisches Problem

Allerdings lässt sich Biodiesel nicht als eine rein deutsche Angelegenheit sehen, vielmehr ist die Herstellung dieses Kraftstoffs ein europäisches Thema. Denn wie viel Palmöl in Deutschland als Biodiesel oder HVO verbraucht wird, wird auch von den Richtlinien der EU beeinflusst. Im Jahr 2009 wurde in der Erneuerbare-Energien-Richtlinie (*Renewable Energy Directive* – RED) festgelegt, dass alle Mitgliedsstaaten der EU bis zum Jahr 2020 mindestens 10 % des Energieverbrauchs im Verkehrssektor aus erneuerbaren Quellen decken sollen.[11] Da auch Palmöl als erneuerbare Energiequelle gilt, stieg daraufhin der Verbrauch an importiertem Palmöl für Biodiesel in den 28 Mitgliedsländern der EU stark an – von 8 % im Jahr 2010 auf 51 % im Jahr 2017.[12] EU-weit landet also etwas mehr als die Hälfte allen Palmöls als Biodiesel im Tank.

Dass Palmöl ein hervorragendes Öl ist, um Biodiesel herzustellen, und es die meisten anderen Pflanzenöle in diesem Einsatzbereich aussticht, ist seit

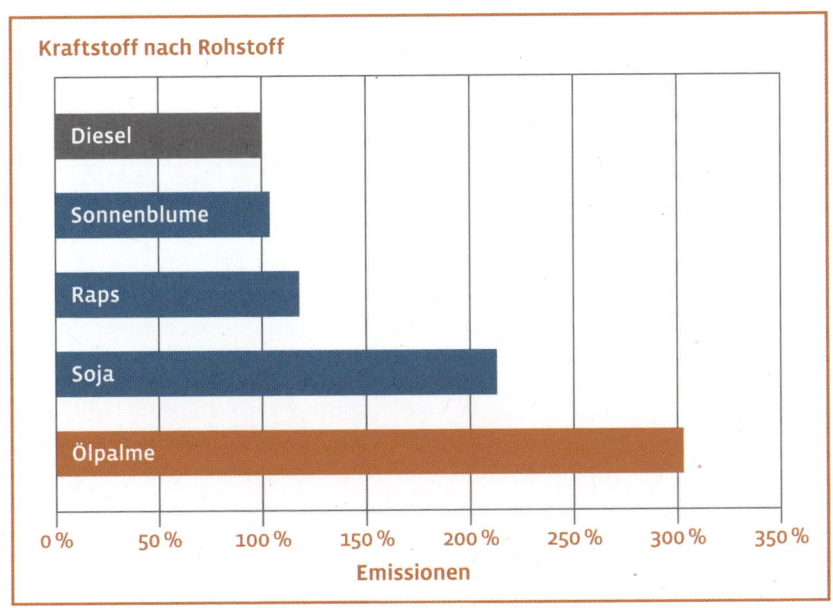

Gesamtemissionen verschiedener Biodiesel nach Ausgangsölen im Vergleich zu fossilem Diesel.

Rapsöl stellt eine ebenfalls nicht unbedenkliche Alternative zu Palmöl als Ausgangsstoff für Biodiesel dar.

Längerem bekannt.[13] Ebenso ist aber schon in mehreren Studien festgestellt worden, dass es durch die Zerstörung von Regenwäldern und Böden sowie die Freisetzung von Methan aus den Abwässern, die bei der Herstellung von Palmöl entstehen, eine schlechtere Klimabilanz hat als normaler Dieselkraftstoff. Eine viel beachtete Studie aus dem Jahr 2008 errechnete, dass man eine Ölpalmplantage 86 Jahre betreiben müsste, um mit dem erzeugten Biodiesel die sehr negative Klimabilanz auszugleichen, die durch die Rodung des tropischen Regenwalds entsteht. Für tropische Regenwälder auf Torfböden errechnete die Studie sogar eine Ausgleichszeit von 423 Jahren.[14] Eine neuere Studie aus dem Jahr 2015, die von der Europäischen Kommission in Auftrag gegeben wurde, kommt zu dem Schluss, dass Biodiesel aus Palmöl eine dreimal schlechtere Klimabilanz hat als normaler Dieselkraftstoff.¹⁵

Auch aufgrund dieser Erkenntnisse kam ein wenig Bewegung in die europäische Regelung. Die Europäische Kommission schlug zunächst am 30. November 2016 eine überarbeitete Version der Erneuerbare-Energien-Richtlinie (RED II) vor, in welcher bei der Erreichung des RED-Ziels (nach dem 10 % des Energiebedarfs des Verkehrssektors durch erneuerbare Quellen gedeckt werden sollen) der Anteil aus Biokraftstoffen auf Basis von Nahrungsmittelpflanzen bei 7 % gedeckelt werden soll.¹⁶ Damit müssten lediglich die restlichen 3 % aus erneuerbaren Stromquellen wie Sonne und Wind oder mit aus verantwortungsvollen Quellen stammendem Biodiesel gedeckt werden.

Das Europäische Parlament stimmte dann im Januar 2018 allerdings in erster Lesung für eine strengere Version des Papiers, nach dem Biodiesel auf Basis von Palmöl gar nicht mehr auf das 10-%-Ziel angerechnet werden

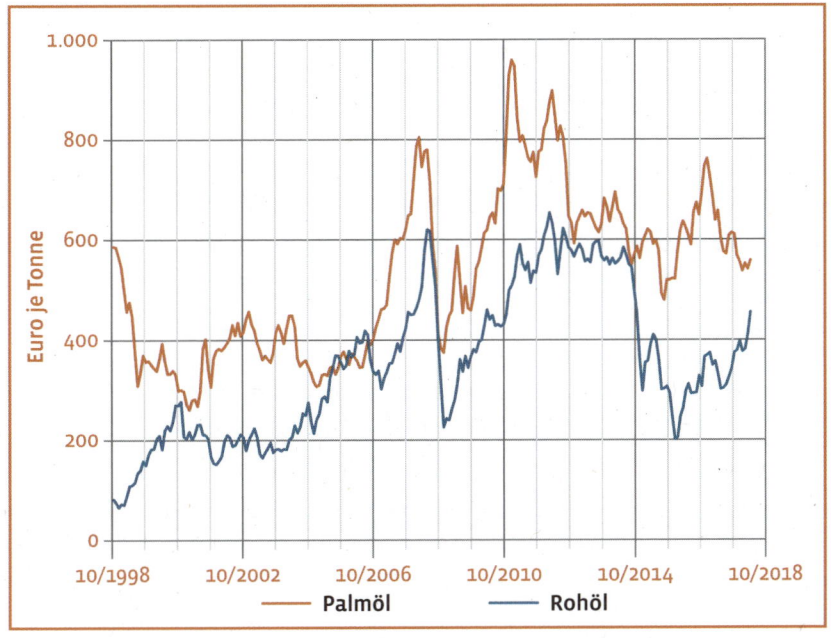

Preisentwicklung von Rohöl und Palmöl auf dem Weltmarkt zwischen 1998 und 2018; Preis in Euro pro Tonne.

Im Tank

kann.¹⁷ Damit wäre der Import von Palmöl zur Produktion von Biodiesel oder von palmölbasiertem Biodiesel zwar keinesfalls verboten worden, aber die Mitgliedsstaaten hätten sich zumindest einen anderen Weg suchen müssen, ihre Klimaziele zu erreichen.

Inzwischen hat man sich auf eine Version des Papiers geeinigt, welche die Deckelung des Anteils von Biokraftstoffen aus Nahrungsmittelpflanzen auf 7 % bestätigt. Allerdings sind Nahrungsmittelpflanzen nicht mehr generell ausgeschlossen. Kraftstoffe aus Quellen, die ein hohes Risiko für indirekte Landnutzungsänderung (ILUC) mit sich bringen und zu denen auch Biodiesel aus Palmöl zählt, sollen nach diesem Papier aber gesondert behandelt werden: Biokraftstoffe dieser Art können innerhalb der 7-%-Deckelung weiterhin auf das 10-%-Ziel angerechnet werden. Der anrechenbare Anteil wird aber bei jedem Mitgliedsstaat der EU auf dem jeweiligen Stand von 2019 eingefroren und soll von 2023 an graduell verringert werden – bis Biokraftstoffe mit hohem ILUC-Risiko von 2030 an gar nicht mehr auf das 10-%-Ziel angerechnet werden können.¹⁸

Vereinfacht ausgedrückt bedeutet dies, dass erst einmal alles beim Alten bleibt, der Anteil von Biodiesel aus Palmöl sich aber nach 2019 zumindest nicht erhöhen sollte. Ab 2023 dürfte der Anteil sich dann verringern. Ob Biodiesel aus Palmöl damit aber ab 2030 in der EU überhaupt nicht mehr genutzt wird, bleibt fraglich. Denn in diesem Papier geht es, wie gesagt, nur um die Anrechnungsfähigkeit von Biodiesel auf die Klimaziele der Mitgliedsstaaten der Europäischen Union. Es enthält weder Verbote noch verpflichtende Beschränkungen. Auch in diesem Bereich könnte Palmöl uns durch seinen niedrigen Preis also weiterhin erhalten bleiben.

WAS TUN?

Die wichtigsten Siegel

Da Palmöl so vielseitig einsetzbar, günstig und leicht zu produzieren ist, kann man nur schwerlich endgültige Voraussagen darüber treffen, in welchen Bereichen und Produkten es in Zukunft eingesetzt werden wird. Daher müssen sich Verbraucher*innen, die mündige Kaufentscheidungen treffen möchten, kontinuierlich über Produkte und deren Inhaltsstoffe sowie Ursprung und Produktionsbedingungen dieser Inhaltsstoffe informiert halten.

Eine Möglichkeit ist es, sich zum Beispiel durch die Lektüre dieses Buches ein Grundwissen über die Herstellung enthaltener Stoffe und die Zusammenhänge innerhalb der Industrie anzueignen und dieses Wissen dann auf dem aktuellen Stand zu halten. Letzteres ist natürlich etwas Arbeit, und das Wissen um die industriellen Zusammenhänge lässt, wie wir gesehen haben, oft dennoch nicht eindeutig darauf schließen, ob denn nun in einem Produkt, das wir im Laden in der Hand halten, Öl aus der Ölpalme enthalten ist. Aktuelle Informationen und Empfehlungen dazu gibt es aber bei zahlreichen Organisationen, Verbänden und Gruppen in den sozialen Medien, die im Bereich Palmöl aktiv sind (mehr dazu unter Kapitel V »Selbst aktiv werden«).

Aber es geht auch ein wenig einfacher und direkter, zumindest in vielen Fällen. Die Informationsquellen, die direkt am Warenregal zur Verfügung stehen, sind Siegel und die Informationen der Hersteller, beispielsweise zur Nachhaltigkeit des eingesetzten Palmöls. Oft sind diese Angaben auch eher auf der Webpräsenz des jeweiligen Herstellers zu finden, als direkt auf der Produktverpackung. Da der Nachhaltigkeitsbegriff, wie ihn manche Siegel und Produzenten verstehen, aber nicht zwangsläufig den Erwartungen der Verbraucher*innen an ein nachhaltig produziertes Produkt entspricht, lohnt es sich, einen Blick auf die in Deutschland meistgebrauchten (und die in naher Zukunft anzutreffenden) Siegel zu werfen, die Palmöl als nachhaltig oder »Bio« zertifizieren. In diesem Rahmen wollen wir hier das nötige Handwerkszeug an die Hand geben, um selbst zu verstehen, was ein solches Zertifizierungssystem an Prinzipien und Kriterien beinhaltet und worauf man dabei achten sollte.

> **Unser Tipp:** Nicht vor der Datenfülle der kommenden Seiten erschrecken lassen. Machen Sie sich beim Lesen ein Bild darüber, welche Kriterien Ihnen besonders wichtig sind, und blättern Sie dann auf Seite 136: Dort haben wir Ihnen eine handliche Übersicht über verschiedene Kriterien und ihre Beachtung in den Siegeln zusammengestellt. So haben Sie am Ende einen praktischen »Spickzettel« für Ihre Einkäufe oder Onlinerecherche zur Verfügung, der sich herauskopieren oder herausschneiden lässt.

Biosiegel

Die in Deutschland hauptsächlich anzutreffenden Biosiegel sind das europäische Biosiegel und das deutsche staatliche Biosiegel. Beide sind gleichbedeutend. Seit 2012 darf das deutsche nur noch zusätzlich zum europäischen Biosiegel verwendet werden.[1] Beide zertifizieren ein Produkt nach EG-Öko-Verordnung.

Die Strenge dieser Siegel beziehungsweise der zugrunde liegenden Verordnung ist jedoch in manchen Punkten kritisch zu hinterfragen, denn es regelt längst nicht alle Bereiche, die man sich vielleicht wünschen würde. Unter der Verordnung wird die Verwendung von chemisch-synthetischen Pflanzenschutzmitteln sowie leicht löslichen mineralischen Düngemitteln und mineralischem Stickstoffdünger stark eingeschränkt. Auch der Einsatz von Gentechnik ist untersagt. Zusätzlich soll auf den Erhalt der Fruchtbarkeit und der biologischen Aktivität des Bodens geachtet und Erosion und Bodenverdichtung vorgebeugt werden. Das alles wäre natürlich auch in einer Ölpalmplantage wünschenswert. Es geht aber lange nicht weit genug, um die verheerenden Folgen des Anbaus von Ölpalmen wirklich zu mildern. Denn Vorschriften, welche die Rodung von schützenswerten Wäldern verhindern, den Ausstoß klimaschädlicher Gase regeln, Brandrodung verbieten oder der heimischen Flora und Fauna im Allgemeinen einen Vorrang vor den wirtschaftlichen Interessen der Plantagenbetreiber einräumen, fehlen diesem Siegel schlicht. Auch der komplette Bereich der Arbeits- und Menschenrechte bleibt bei einem reinen Biosiegel außen vor.

Überdies ist es auch so, dass laut einer zusätzlichen Verordnung der EU auch Produkte das EG-Biosiegel tragen können, die bis zu 5 % einiger bestimmter Zutaten enthalten, die nicht biologischen Ursprungs sind.[2] In der Liste dieser ausgenommenen Zutaten findet sich neben Pfeffer, Fructose, Gelatine und vielen anderen Speiseölen auch Palmöl.[3] Es kann also sein, dass man ein biozertifiziertes Produkt kauft, bei dem das Palmöl gar nicht nach Bio-Richtlinien zertifiziert wurde. Manche Produkte, in denen Palmöl enthalten sein kann, wie etwa Kosmetika und Arzneimittel, können sogar überhaupt nicht unter der EG-Öko-Verordnung zertifiziert werden.

Andere Biosiegel wie Demeter, Bioland oder Naturland zertifizieren derzeit kein Palmöl. In diesem Zusammenhang sind diese Siegel bisher also nicht zu finden oder zertifizieren bei einem Produkt, auf dem sie zu finden sind, nicht das enthaltene Palmöl. Abschließend kann man sagen, dass biozertifiziertes Palmöl sicherlich besser ist als Palmöl ohne Biozertifizierung. Allerdings werden viele der schlimmsten Auswirkungen des industriellen Anbaus der Ölpalme durch das EG-Biosiegel nicht berücksichtigt – und damit auch nicht verhindert.

Umgekehrt bieten die etablierten Systeme zur Zertifizierung von »nachhaltigem« Palmöl, um die es gleich noch gehen wird, nicht die Kriterien, die ein Siegel für ökologische Landwirtschaft bietet, etwa zu Pestiziden und Düngemitteln. Man kann also erst einmal festhalten, dass eine Biozertifizierung und eine Zertifizierung für nachhaltig angebautes Palmöl zwei verschiedene Dinge sind, die relativ wenige Überschneidungspunkte besitzen.

Die wichtigsten Siegel

Nationale Palmölstandards

Manche Staaten unterhalten freiwillige oder verpflichtende Standards für den Anbau von Ölpalmen und die Produktion von Palmöl. Besonders interessant sind hier natürlich die Hauptanbauländer der Ölpalme – Malaysia und Indonesien. Beide Staaten haben Palmölstandards entwickelt, auf die wir hier ein wenig eingehen wollen. Allerdings werden wir sie nicht ausführlich besprechen, da sie als eher »schwache« Standards gelten und Verbraucher*innen somit nur schlecht als Grundlage für eine verantwortungsvolle Entscheidungsfindung dienen können und sollten. Diese Standards setzen eher auf die Angleichung der Anbaubedingungen an die im jeweiligen Land geltenden Gesetze und Regularien, daher verlangen sie auch die komplette Befolgung all ihrer Kriterien.

Infolgedessen stellt sich aber die grundsätzliche Frage nach der Wirksamkeit eines solchen Standards. Seine Einführung legt nahe, dass die Behörden davor nicht in der Lage oder willens waren, die geltenden Gesetze durchzusetzen. Warum aber sollte sich dieser Zustand durch die Einführung eines zusätzlichen Standards, der eben genau diese Gesetze beinhaltet, substanziell verbessern? Wenn überhaupt, könnte man das mit zusätzlichen oder engmaschigeren Kontrollen herbeiführen. Dafür hätte man wohl keinen Palmölstandard einführen müssen, sondern stattdessen beispielsweise die regulären staatlichen Kontrollorgane stärken können. Anders ausgedrückt: Wenn ein Standard ins Leben gerufen wird, der mit einem Siegel bescheinigt, dass sich ab jetzt an Gesetze gehalten wird, fällt es schwer, sich des Eindrucks einer PR-Aktion zu erwehren – vor allem dann, wenn die Einhaltung derselben Gesetze zuvor über Jahre von den staatlichen Kontrollbehörden nicht sichergestellt werden konnte.

ZERTIFIZIERUNGSSYSTEME UND IHRE BEGRIFFE

Bevor wir uns die für Palmöl hauptsächlich genutzten Zertifizierungssysteme genauer ansehen, müssen einige Begriffe geklärt werden, denn anerkannte Definitionen bestimmter Begriffe sind für die Wirksamkeit eines Palmölstandards besonders wichtig. Ohne einheitliche Definitionen könnte in einem Standard beispielsweise eine Fläche gerodet werden, die ein anderer Standard unter Schutz gestellt hätte. Die Harmonisierung der Definitionen schafft gleiche Voraussetzungen und wirkt Etikettenschwindel entgegen.

Standard

Als Standard bezeichnet man in diesem Zusammenhang allgemein ein Zertifizierungssystem. Biosiegel sind genauso Standards wie direkt auf den Anbau von Ölpalmen oder anderer Produktgruppen zugeschnittene Zertifizierungssysteme. Selbstverständlich unterscheiden sich aber die Ansprüche der verschiedenen Standards je nachdem, was produziert wird und nach welchen Kriterien man die Produktion gestalten möchte. Im Allgemeinen werden die tatsächlichen Überprüfungen der Plantagen, Produktionsstätten und Lieferketten aber nicht von Mitarbeiter*innen des jeweiligen Standards übernommen, sondern von externen Firmen, die sich dafür von einer vom jeweiligen Standard ausgewählten Institution akkreditieren lassen müssen. Dabei stellt die Akkreditierungsstelle fest, ob ein Zertifizierungsunternehmen nach dem jeweiligen Standard zertifizieren darf, also alle Voraussetzungen dafür erfüllt. Auch für diese Prüfung gibt es einen feststehenden Anforderungskatalog. Ist die Zertifizierungsstelle akkreditiert, kann sie die Zertifizierung nach dem jeweiligen Standard anbieten und wird dafür von den zu zertifizierenden Unternehmen engagiert.

Environmental Impact Assessment (EIA)

Bevor eine bestehende Plantage zertifiziert werden kann, fordern die meisten Standards ein Environmental Impact Assessment (EIA, eine Umweltverträglichkeitsprüfung). Auch vor der Neupflanzung oder der Ausweitung bestehender, bereits zertifizierter Plantagen wird dies verlangt. In dieser Prüfung sollen die bestehenden oder zu erwartenden Auswirkungen des

Eingriffs auf die Umwelt und in der Nähe gelegene Ökosysteme und Artengemeinschaften abgeschätzt und dokumentiert werden. Das gilt oft auch für den Bau von Infrastruktur wie Straßen oder Gebäuden. Auch die Emissionen, die damit verbunden sind, werden dabei meist mit in Betracht gezogen. Das wären etwa Klimagase, die nach der Rodung von Wäldern aus dem Boden frei werden oder aus den Abwässern von Ölmühlen. Dabei unterscheiden sich die Standards vor allem darin, welche Punkte ein EIA mindestens abdecken muss und wie und in welchem Zeitraum auf die Ergebnisse reagiert werden sollte, etwa, indem Emissionen verringert werden. Besonders wichtig ist dabei natürlich, ob das Gutachten intern, also von den Plantagenbetreibern selbst, oder von einer unabhängigen, dritten Instanz erstellt werden soll.

Social Impact Assessment (SIA)

Genau wie ein EIA verlangen Standards oft ein Social Impact Assessment (SIA, eine Sozialverträglichkeitsprüfung), bevor eine Plantage zertifiziert werden kann beziehungsweise bevor neue Plantagen angelegt oder bestehende erweitert werden. Vor allem die Auswirkungen des Baus und der Bewirtschaftung der Plantage auf die in der Nähe lebenden Gemeinschaften sollen hier abgeschätzt werden. Landbesitzrechte sowie die Sicherung des Lebensunterhalts und der Wasserressourcen der Gemeinschaften spielen hier ebenso eine Rolle wie eventuell vorhandene religiöse Stätten, Effekte auf Frauen im Vergleich zu Männern oder die Ansiedlung von Arbeitsmigrant*innen in den Plantagen. Selbstredend ist es bei der SIA von besonderer Bedeutung, sie unter Beteiligung der umliegenden Gemeinschaften zu erstellen und deren Mitbestimmung zu ermöglichen. Anders ausgedrückt sollten betroffene Gemeinschaften das Recht haben, zu den Plänen der Plantagenbetreiber auch »Nein!« sagen zu können, was sich dann in einem Einlenken der Plantagenbetreiber äußern muss. Dieser Ansatz wird aber nicht von allen Standards verfolgt.

Oft werden die EIA und SIA gemeinsam als *Social and Environmental Impact Assessment (SEIA)* erhoben.

Free, Prior and Informed Consent (FPIC)

Das Prinzip des Free, Prior and Informed Consent (FPIC, freie, vorherige und sachkundige Zustimmung) ist ein zentrales Konzept, wenn es um betroffene Gemeinschaften oder Einzelpersonen geht. Es bedeutet einerseits, dass die Betroffenen dem Plantagenbau aus freiem Willen zustimmen müssen, bevor irgendwelche Aktivitäten der Plantagenbetreiber beginnen. Es bedeutet andererseits auch, dass sie wirklich verstehen müssen, worum es dabei geht. Sie müssen umfassend informiert werden, bevor sie ihre Entscheidung treffen, sie dürfen nicht unter Druck gesetzt werden und alle Informationsmaterialien oder Diskussionsrunden müssen in eine ihnen verständliche Sprache übersetzt werden. Leider wird das nicht bei jedem Standard ausreichend beachtet und teils ist der Prozess nicht in allen Einzelheiten vorgeschrieben, was ausnutzbare Spielräume lässt. Bei den meisten »starken« Standards ist der Prozess aber ausreichend genau vorgegeben.

High Conservation Value (HCV)

Areale, die über eine hohe Biodiversität verfügen und seltene, geschützte, bedrohte oder endemische (nur hier vorkommende) Arten oder deren Habitate beherbergen, werden als High Conservation Value Area (HCV, Gebiete mit hoher Bedeutung für den Naturschutz, die es zu erhalten gilt) bezeichnet. Darunter fallen einerseits Landschaften zusammenhängender Wälder oder anderer Ökosysteme, die von globaler, nationaler oder regionaler Bedeutung sind. Andererseits fallen auch Ökosystemdienstleistungen sowie Gebiete oder Ressourcen darunter, die für die Befriedigung der Grundbedürfnisse von lokalen Gemeinschaften oder indigenen Völkern eine fundamentale Bedeutung haben. Dazu zählen dann auch Gebiete von ausschlaggebender kultureller, archäologischer, geschichtlicher, ökonomischer oder religiöser Bedeutung.

High Carbon Stock (HCS)

Ein neuerer und bisher seltener genutzter Ansatz ist der des High Carbon Stocks (HCS, hoher Kohlenstoffbestand). Der Fokus auf den Kohlenstoffbestand zielt insbesondere darauf ab, schützenswerte Wälder von degradierten (also beispielsweise stark ausgedünnten) Wäldern zu unterscheiden und damit den Schutz der ersteren sicherzustellen, während die Nutzung beziehungsweise Rodung der Fläche von degradierten Wäldern ermöglicht wird. Als klar degradierte Wälder werden laut der offiziellen Methodik des High Carbon Stock Approach (HCSA) nur ehemalige Wälder gezählt, die nur noch als Buschland oder offene Fläche bezeichnet werden. Alle anderen Wälder, eingeteilt in Wälder hoher Dichte, mittlerer Dichte, geringer Dichte und junge, sich regenerierende Wälder, werden zumindest als potenzielle HCS-Areale definiert und können damit unter diesem Ansatz geschützt werden.[4]

Integrated Pest Management (IPM)

Integrated Pest Management (IPM, Integriertes Schädlingsmanagement) unterscheidet sich von konventioneller Schädlingsbekämpfung dadurch, dass eher vorausschauend gehandelt wird, als Symptombekämpfung durch chemische Bekämpfungsmittel zu betreiben. Dabei werden sowohl Erkenntnisse über ökologische Zusammenhänge wie Fressfeinde oder die Lebensweise der jeweiligen Schädlinge als auch physikalische Bekämpfungsmaßnahmen genutzt. Letztere wären beispielsweise das Zerkleinern oder Erhitzen von leeren Fruchtständen, um eventuell darin befindliche Schädlingslarven abzutöten, bevor man die Pflanzenteile wieder als Dünger auf die Plantagen ausbringt. Zusätzlich sorgt eine systematische Überwachung der Plantagen dafür, dass gute Bedingungen für einen Befall oder ein gerade beginnender Schädlingsbefall früh erkannt werden und im Anfangsstadium gezielt dagegen vorgegangen werden kann. Chemische Bekämpfungsmittel sollen beim IPM nur eingesetzt werden, wenn keine andere Möglichkeit mehr besteht.

Indonesian Sustainable Palm Oil (ISPO)

Der ISPO oder auch Yayasan Kelapa Sawit Berkelanjutan Indonesia, wie die zugehörige staatliche Non-Profit-Organisation in Indonesien genannt wird, ist ein nationaler Standard, welcher seit 2012 auf alle Ölpalmplantagen in Indonesien angewandt werden müsste. Er ist Teil der Sustainable Palm Oil Initiative (SPO), welche vom United Nations Development Programme (UNDP) unterstützt wird. Der Unterschied zu privat organisierten Zertifizierungssystemen ist hier vor allem, dass man als Plantagenunternehmen wie auch als Kleinbauer eigentlich keine andere Wahl hat, als sich danach zu richten. Das Siegel und die zugehörigen Kriterien für den Anbau sind verpflichtend. Dazu muss allerdings gesagt werden, dass die Vorgaben und Fristen sich zwischen Plantagenunternehmen und Kleinbauern unterscheiden – Kleinbauern müssen den Kriterien zu einem späteren Zeitpunkt entsprechen. Mit dem Inkrafttreten der Kriterien im Jahr 2011 wurde allen Plantagenunternehmen eine Übergangsfrist von zwei Jahren für die Umsetzung eingeräumt. Seit 2014 müssen sich diese nun theoretisch alle an diesen Standard halten. Für Kleinbauern soll der Standard ab 2022 verpflichtend sein. Dennoch waren bis Mitte 2017 erst 16,7 % (1,9 Millionen Hektar) der insgesamt 11,7 Millionen Hektar indonesischer Ölpalmplantagen ISPO-zertifiziert.[5]

Wie erwähnt geht es diesem staatlichen Standard weniger um den aktiven Naturschutz oder den Schutz der Arbeiter*innen in den Plantagen über den gesetzlichen Rahmen hinaus, sondern eher um die Einhaltung bereits in Indonesien bestehender Regularien und Gesetze. Damit ist der ISPO ein verhältnismäßig schwacher Standard. Er bleibt sowohl in Sachen Naturschutz als auch bei Arbeitnehmerrechten und der Vorbeugung von Landkonflikten eher vage und bietet damit einen schlechteren Schutz, als es beispielsweise die Kriterien des RSPO (siehe unten) tun.[6] So ist in den ISPO-Kriterien zwar die Rodung von Steilhängen sowie Kinderarbeit und Diskriminierung verboten. Auch sollen Plantagenunternehmen Programme zur Förderung der umliegenden Gemeinden aufsetzen. Eine freie, vorherige und sachkundige Zustimmung von Gemeinden, auf deren Land neue Ölpalmplantagen angelegt werden sollen, ist aber nicht verankert. Genauso wenig verbietet der ISPO Zwangsarbeit oder bietet Frauen einen besonderen Schutz. Auch ist das Anlegen von Plantagen auf Torfböden prinzipiell erlaubt, solange nicht mehr als 70 % der zu entwickelnden Fläche Torfböden aufweisen, die mehr als drei Meter tief sind.[7]

Im Jahr 2016 startete der ISPO eine Art öffentliche Anhörung, um seine Kriterien zu überprüfen und zu verbessern. Das ist bei Standards zum Thema Palmöl durchaus üblich. Im Laufe des Prozesses einigte man sich auf zusätzliche Punkte, darunter zu Menschenrechten und Nachverfolgbarkeit des Palmöls. Was danach passierte, kann man allerdings nicht als üblich bezeichnen: Die Verhandlungen verliefen im Sande, bis die indonesische Regierung Anfang 2018 eine neue Version der Kriterien auflegte, welche die ausgehandelten Punkte nicht enthielt.[8] Ein derartiges Verhalten und die geringe Zertifizierungsquote trugen natürlich nicht dazu bei, dass dieser Standard auf internationaler Ebene an Glaubwürdigkeit gewann.

Frisch angepflanzte Ölpalmplantage auf entwaldeter Fläche in Indonesien.

Malaysian Sustainable Palm Oil (MSPO)

Der MSPO ist ebenfalls ein staatlicher Standard, der unter Mitwirkung der nationalen Palmölindustrie entwickelt wurde. Er wurde Ende des Jahres 2013 vorgestellt – wohl auch als Reaktion auf die Einführung des ISPO in Indonesien – und 2015 offiziell eingeführt. Auch dieser Standard soll die Realität der Produktionsbedingungen an nationales Recht angleichen. Anders als beim ISPO ist die Teilnahme an diesem Standard jedoch in den letzten Jahren freiwillig gewesen. Seit dem 31. Dezember 2018 ist er verpflichtend für all jene Palmölproduzenten, die bereits durch andere Standards zertifiziert sind. Durch die bereits vorhandene Zertifizierung durch einen anderen Standard sollte das für die betroffenen Produzenten kein Problem darstellen, da auch der MSPO eher zu den schwächeren Standards zählt. Ende Juni 2019 wird der Standard auch für alle bis jetzt nicht zertifizierten Palmölproduzenten verpflichtend, Ende Dezember 2019 für alle Kleinbauern.[9]

Man muss dem MSPO zubilligen, dass er zumindest in Sachen Arbeitnehmerrechte und Arbeitssicherheit einigermaßen gut aufgestellt ist, wobei auch hier vieles vage bleibt. Kinderarbeit, Zwangsarbeit und Diskriminierung durch den Arbeitgeber sind verboten.[10] Beim Thema Naturschutz lässt der MSPO allerdings zu wünschen übrig: Auch hier ist das Anlegen neuer Plantagen auf Torfböden nicht grundsätzlich verboten. Der in Standards weit verbreitete Begriff der besonders schützenswerten Areale (HCV) findet hier keine Erwähnung. Stattdessen sollen Gebiete mit besonders hohem Wert hinsichtlich biologischer Vielfalt *(land with high biodiversity value)* einen Managementplan erhalten – generell vor Rodung geschützt sind sie damit aber nicht.[11] Zusätzlich ist der Begriff »land with high biodiversity value« in diesem Standard recht vage definiert, was auch auf die ebenfalls zu schützenden »environmentally sensitive areas« (umwelttechnisch empfindliche Gebiete) zutrifft. Auch diese dürfen, vor allem wenn es kleine Gebiete sind oder sie von Erosion bedroht sind, dennoch gerodet werden.[12]

Internationale Standards

Die meisten Standards, nach denen Palmöl zertifiziert wird, sind internationale Standards. Diese zielen weniger darauf ab, bereits bestehende Regelungen und Gesetze in den jeweiligen Anbauländern durchzusetzen, sie enthalten aber dennoch zumeist Klauseln, die die Einhaltung der gesetzlichen Mindeststandards einfordern. Zusätzlich gehen sie meist über diese Mindeststandards hinaus und setzen eigene Regeln, die je nach Standard mehr oder weniger streng und ebenso mehr oder weniger genau auf den Anbau von Ölpalmen ausgerichtet sind.

Roundtable on Sustainable Palm Oil (RSPO)

Der Roundtable on Sustainable Palm Oil (Runder Tisch für nachhaltiges Palmöl) oder RSPO ist der wohl bekannteste Palmölstandard weltweit. Er zertifiziert unter allen Standards die größte Menge an Palmöl. Inzwischen sind 19 % (12,2 Millionen Tonnen) des weltweit angebauten Palmöls RSPO-zertifiziert (Stand: Juli 2018). Dieses Siegel findet man also am ehesten in den Regalen der Supermärkte. Daher wollen wir auch gerade diesen heranziehen, um die grundlegenden Ansprüche, die Funktionsweise und die Grenzen eines Palmölstandards zu erläutern.

Der RSPO sorgte bei seiner formalen Gründung im Jahr 2004 für ein hoffnungsvolles Aufatmen bei Umweltschutz- und Verbraucherorganisationen. Der runde Tisch setzt sich aus vielen Einzelorganisationen aus allen Bereichen des Anbaus, der Verarbeitung und des Vertriebs von Palmöl sowie einigen Umweltschutz- und Menschenrechtsorganisationen zusammen (die allerdings lediglich 1,3 % der nach eigenen Angaben insgesamt 3.872 Mitglieder stellen). Deutschland ist übrigens das Land mit den meisten dort vertretenen Mitgliedsorganisationen.[13] Initiiert wurde der runde Tisch maßgeblich vom World Wildlife Fund (WWF), der bereits seit 2001 in Kooperation mit einigen Handelsunternehmen die Möglichkeiten zur Gründung eines runden Tisches auslotete. Nach langen Verhandlungen wurde das Zertifikationssystem des RSPO 2007 offiziell verabschiedet. Im Jahr 2008 wurden erste Plantagen zertifiziert.[14] Der RSPO versteht sich nicht als Bio-Zertifizierungssystem für Palmöl, sondern will Mindeststandards für die Produktion von nachhaltigem Palmöl festlegen. Die RSPO-Zertifizierung für Ölpalmplantagen verlangt, in grob vereinfachter Form, unter anderem:

- **Transparenz im Sinne von nachvollziehbarer und teilweise öffentlich einsehbarer Dokumentation**, unter anderem zu
  - Landbesitzansprüchen und Landnutzungsrechten,
  - Arbeits- und Gesundheitsschutz,
  - hochgradig schützenswerten Arealen,
  - Beschwerden von Arbeiter*innen,
  - Zusammenfassungen der Zertifizierungsgutachten,
  - Verhandlungen mit einheimischen oder ansässigen Gemeinden.
  - Ethikrichtlinie für faires Geschäftsgebaren und Verbot aller Arten von Korruption.

- **Die Nutzung von guter fachlicher Praxis für den Anbau und die Verarbeitung von Ölpalmfrüchten** durch die
  - Anwendung und Einsparung von Pestiziden, Düngern, Wasser etc.,
  - Verhinderung von Bodenerosion,
  - Optimierung des Grundwasserlevels auf Torfböden,
  - eventuelle Renaturierung von nicht genutzten Flächen,
  - Nachverfolgbarkeit der Herkunft von Ölpalmfrüchten, auch bei externen Quellen.

- **Identifizierung von Umweltauswirkungen, schützenswerten Arealen, bedrohter Arten und Reduzierung von Umweltauswirkungen bei bestehenden Plantagen** durch
  - kontrollierte Lagerung und Einleitung von POME in Gewässer,
  - Reduzierung der Treibhausgase,
  - starke Einschränkung von Brandrodung,
  - Schutz und Überwachung von schützenswerten Arealen (HCV) und bedrohten Arten.

- Identifizierung sozialer Auswirkungen auf ansässige Bevölkerung und Arbeiter*innen und Abmilderung negativer Auswirkungen von bestehenden **Plantagen** durch
  - Wahrung der Besitz-, Nutzungsrechte und eine Beteiligung ansässiger Gemeinschaften sowie eventuelle Entschädigungen,
  - Konfliktbewältigungsmechanismen,
  - Versorgungssicherheit mit Trinkwasser,
  - Arbeitsstandards, angemessene Entlohnung,
  - Vollzeitbeschäftigung für alle Stammarbeitskräfte,
  - Antidiskriminierung,
  - Stärkung von Frauen,
  - Behandlung und Bezahlung von zuliefernden Kleinbauern,
  - Unterstützung von zum Plantagenkomplex gehörigen Kleinbauern,
  - Verbot von Kinder- und Zwangsarbeit,
  - Mechanismen zum Schutz von Menschenrechtler*innen.

- Verbot der Einbehaltung von Reisepässen, anderen Identifikationspapieren oder Löhnen durch den Arbeitgeber sowie ein Verbot der Berechnung von Gebühren oder Kosten für Anwerbe- oder Beschäftigungsdienstleistungen.

- **Neupflanzungen** nur nach Sozial- und Umweltverträglichkeitsprüfung (diese soll im »Idealfall« von akkreditierten unabhängigen Experten durchgeführt werden) **und einigen Grundvoraussetzungen:**
  - Identifizierung und Schutz besonders schützenswerter Areale (der Methodologie des High Carbon Stock Approach folgend) sowie betroffener lokaler Gemeinschaften,
  - Identifizierung und Schutz von Arealen, die für die Versorgungssicherheit (Wasser, Nahrung) lokaler Gemeinschaften wichtig sind oder zu denen Besitz- oder Nutzungsrechte lokaler Gemeinschaften bestehen,
  - Bodenuntersuchungen, die beweisen, dass der langfristige Anbau von Ölpalmen möglich ist,
  - FPIC von betroffenen lokalen Gemeinschaften,
  - starke Einschränkung von Brandrodung,

- ▶ Verbot von Neupflanzungen, die Primärwälder oder Flächen, die zum Erhalt besonders schützenswerter Areale wichtig sind, ersetzen (rückdatiert bis 2005),
- ▶ Verbot von Neupflanzungen auf Torfböden, unabhängig von deren Tiefe,
- ▶ Wiedervernässung bereits trockengelegter Torfböden und deren Renaturierung oder Nutzung zu Ackerbau mit hohem Wasserspiegel,
- ▶ keine Neupflanzungen auf Land (ab 15. November 2018), welches seit 2005 durch Enteignung (zum Nachteil der Besitzer*innen) erlangt wurde.

Siegel können eine Orientierungshilfe bei der Suche nach nachhaltiger produziertem Palmöl darstellen.

Die wichtigsten Siegel

Bei der Prüfung, ob eine Plantage, Ölmühle oder Ähnliches zertifiziert werden kann, unterscheidet der RSPO zwischen Hauptkriterien (»kritische« Indikatoren) und Nebenkriterien (»normale« Indikatoren). Die Hauptkriterien (zum Beispiel das Verbot von Brandrodung) gelten als verpflichtend, während Nebenkriterien (beispielsweise das Vorhandensein eines Abfallbewirtschaftungs- und Abfallentsorgungsplans) nicht zwangsläufig erfüllt sein müssen, um zertifiziert werden zu können. Sind Nebenkriterien jedoch bei der nächsten jährlichen Prüfung noch nicht erfüllt, werden sie ab diesem Zeitpunkt wie Hauptkriterien behandelt. Bei der darauffolgenden Prüfung wird dann die Zertifizierung suspendiert, sollten die Kriterien weiterhin nicht erfüllt sein. Effektiv haben die Unternehmen also zwei Jahre Zeit, auch die Nebenkriterien zu erfüllen.[15]

Die unter diesen Voraussetzungen angebauten und zertifizierten Ölpalmfrüchte und das daraus gewonnene Palmöl können nun auf unterschiedliche Weise weitergehandhabt werden. Dazu bietet der RSPO verschiedene Lieferkettenmodelle an.[16]

DIE LIEFERKETTENMODELLE

Identity preserved (Identitätsgesichert)
Hier stammt das Palmöl von einer einzigen RSPO-zertifizierten Quelle, also beispielsweise einer RSPO-zertifizierten Groß- oder Kleinplantage, und ist auf diese zurückzuverfolgen. Dieses Modell stellt die aufwendigste Lieferkettenoption dar und erfordert die aufwendigste Logistik, da das so zertifizierte Palmöl nicht mit Palmöl aus anderen Quellen gemischt werden darf, selbst wenn auch diese zertifiziert sind. Wer dieses Palmöl erwirbt, kann angeben, dass sein Produkt zertifiziertes, nachhaltiges Palmöl enthält.

Segregated (Getrennt)
Palmöl aus mehreren nachvollziehbaren, RSPO-zertifizierten Quellen, also beispielsweise mehreren RSPO-zertifizierten Groß- oder Kleinplan-

tagen, wird hier gemischt. Dadurch verringern sich der Aufwand für die Logistik und damit auch die Kosten. Dennoch ist sichergestellt, dass kein nicht zertifiziertes Palmöl enthalten ist. Wer dieses Palmöl erwirbt, kann angeben, dass sein Produkt zertifiziertes, nachhaltiges Palmöl enthält.

Mass Balance (Massenbilanz)
Zertifiziertes Palmöl wird mit nicht zertifiziertem Palmöl gemischt. Auf Produkten ist das an der Bezeichnung »MIXED« unter dem Siegel des RSPO erkennbar. Wer dieses Palmöl erwirbt, kann angeben, dass er die Produktion von zertifiziertem, nachhaltigem Palmöl erhöht. Es gibt jedoch keine Vorgaben, wie viel Prozent an zertifiziertem Palmöl das gemischte Öl mindestens enthalten muss, der Anteil an wirklich zertifiziertem Palmöl im gekauften Öl ist dem Käufer also hier unbekannt. Mit diesem System spart man sich hauptsächlich den logistischen Aufwand und damit die Kosten, zertifiziertes und nicht zertifiziertes Palmöl physisch voneinander getrennt zu halten.

Book and Claim (Buchen und geltend machen)
Es wird zwar zertifiziertes Palmöl hergestellt, die jeweilige Quelle speist ihr Palmöl aber einfach in die normalen Lieferketten für nicht zertifiziertes Palmöl ein. Dafür werden sogenannte *RSPO Credits* generiert, die dann weiterverkauft werden können. Dies geschieht in der eigens dafür ins Leben gerufenen Plattform »PalmTrace«, über die Produzenten Credits für jede eingespeiste Tonne zertifizierten Palmöls an interessierte Unternehmen weiterverkaufen und somit zusätzliches Geld einnehmen können.[17] Wer diese Credits erwirbt (natürlich entsprechend der verarbeiteten Menge an Palmöl), kann angeben, dass er zur Produktion von zertifiziertem, nachhaltigem Palmöl beiträgt. Hierzu gibt der RSPO ein gesondertes Logo mit der Bezeichnung »CREDITS« heraus. Bei diesem System erhält das Produkt also nicht zwangsläufig zertifiziertes Palmöl (es ist sogar recht unwahrscheinlich), der Kauf der Zertifikate unterstützt aber zertifizierte Produzenten.

Für welches dieser Modelle man sich als ein Palmöl einkaufendes Unternehmen entscheidet, hängt sehr davon ab, wie wichtig dem Unternehmen die eigene Nachhaltigkeit ist, für wie wichtig man die Botschaft an die Verbraucher*innen hält und wie viel man dafür zu zahlen bereit ist. Denn die Botschaften, die man mit dem Einkauf von Palmöl aus den verschiedenen Modellen sendet, reichen von »Ich weiß genau, wo das in meinem Produkt enthaltene Palmöl herkommt und wie es angebaut wurde« bis hin zu »Ich habe irgendein Palmöl verarbeitet, unterstütze aber grundsätzlich den Ansatz, Palmöl aus nachhaltigen Quellen zu beziehen, und habe auch dafür bezahlt, dass nachhaltiges Palmöl produziert wird«. Ob die jeweilige Botschaft beim Konsumenten auch klar ankommt, hängt natürlich zusätzlich davon ab, wie gut der Konsument die RSPO-Modelle kennt.

Vom anfänglichen Glanz und der Hoffnung, die viele in den RSPO gesetzt hatten, ist heute einiges verloren gegangen. Teils von Anfang an kritisierten viele gewichtige Umweltorganisationen den RSPO, darunter beispielsweise Greenpeace,[18] Rettet den Regenwald e. V.,[19] Rainforest Action Network (RAN)[20] und inzwischen sogar der WWF selbst, wobei letztere Organisation leisere Töne anschlägt als andere und weiterhin Mitglied des RSPO ist.[21] Bereits 2008 unterzeichneten 256 meist kleinere Umweltschutz- und Menschenrechtsorganisationen aus aller Welt eine Erklärung, in der sie dem RSPO »Greenwashing«, also die Vorspiegelung von Umweltfreundlichkeit, Nachhaltigkeit oder Verantwortungsbewusstsein zu Marketingzwecken und ohne tatsächliche substanzielle Grundlage, vorwerfen.[22] Gegen Ende des Jahres 2015 sorgte ein Report der in Großbritannien ansässigen Environmental Investigation Agency für Aufsehen, der dem RSPO strukturelle Schwächen vorwarf, vor allem bei der Auswahl und Überwachung der Kontrolleur*innen, die für den RSPO zertifizieren. Dabei reichten die Anschuldigungen gegen Kontrolleur*innen von einem schlechten Verständnis der Kriterien des Standards über Interessenkonflikte durch Verbindungen zwischen Zertifizierungsstellen und Plantagenunternehmen, Versagen bei der Erkennung von Arbeits- und Menschenrechtsverletzungen bis hin zur Erstellung betrügerischer Gutachten, um Verstöße gegen die Kriterien des RSPO zu verschleiern, oder methodisch und inhaltlich falsche Gutachten, die die Rodung hochgradig schützenswerter Wälder erst ermöglichen beziehungsweise verschleierten.[23] Leider könnte man hier noch viele weitere Verfehlungen von

Mitgliedern des RSPO und Unzulänglichkeiten in dessen Zertifizierungssystem aufführen. Über die Jahre hinweg hat dadurch die Glaubwürdigkeit des Siegels stark gelitten.

Auf die Gründung der Palm Oil Innovation Group (POIG), bei der sich Mitglieder des RSPO, denen die bisherigen Standards nicht weit genug gingen, zusammenfanden, um stärkere Kriterien zu entwickeln und diese auf den RSPO-Standard aufzusetzen (siehe S. 18) sowie auf die anhaltende öffentliche Kritik am RSPO wurde 2016 mit der freiwilligen Zusatzzertifizierung »RSPO NEXT« reagiert. Diese soll Produzenten, welche die standardmäßigen RSPO-Kriterien bereits erfüllen, zu weitergehenden Maßnahmen ermuntern. Sie beinhaltet tatsächlich einige Punkte, deren Fehlen in der grundlegenden RSPO-Zertifizierung kritisiert wurde und die auch in den Kriterien der POIG enthalten sind. Dazu zählten das Verbot der Entwicklung neuer Plantagen auf den besonders schützenswerten Torfböden ab Ende 2015, ein Verbot des schädlichen Unkrautvernichters Paraquat und die Verpflichtung zu Vorsorgemaßnahmen gegen Brände in den und angrenzend an die Plantagen. Allerdings sind viele dieser Elemente in die Ende 2018 vorgestellte Überarbeitung des grundlegenden RSPO-Standards eingeflossen, sodass RSPO NEXT stark an Bedeutung verlieren dürfte. Dabei wurde auch RSPO NEXT trotz dieser zusätzlichen Anforderungen bisweilen als nicht weitgehend genug kritisiert.[24]

Das liegt unter anderem daran, dass RSPO NEXT Gebiete als *low carbon stock areas* (Gebiete mit geringem Kohlenstoffbestand) definiert und damit zur Rodung freigibt, deren Masse an überirdisch (etwa in Pflanzen) und unterirdisch (etwa Wurzelwerk im Boden) gebundenem Kohlenstoff als geringer oder gleichwertig mit dem Kohlenstoffbestand einer nach der Rodung entstehenden Ölpalmplantage eingeschätzt wird. Dadurch ergibt sich eine weitere Lücke im System, die ausgenutzt werden kann, um schützenswerte Wälder zu roden: Man müsste nur, beabsichtigt oder nicht, den Kohlenstoffbestand der Waldfläche unter dem der anzulegenden Ölpalmplantage einschätzen, um die Fläche roden zu können. Denn sobald der Wald einmal weg ist, wird nur schwer nachzuweisen sein, ob die Berechnungen stimmten. Andererseits ermöglichen die Kriterien auch, in bestimmten Teilen eines neuen Entwicklungsgebiets den Kohlenstoffbestand zu erhöhen (etwa durch Aufforstung), um damit den Verlust an Kohlenstoff durch Rodung und Anle-

Die wichtigsten Siegel

gen einer Ölpalmplantage an anderer Stelle auszugleichen. Diese Regelung wurde aber nicht in den neuen Grundstandard des RSPO aufgenommen.

Insgesamt steht der RSPO vor dem Problem, dass er bereits eine Fülle von Mitgliedern aus den verschiedensten Bereichen der Palmöl-Lieferkette in seinen Reihen hat und diesen nur schwer strengere Kriterien vorschreiben kann, ohne deren Austritt zu riskieren. Zusätzlich befinden sich im Direktorium des RSPO nur jeweils zwei Umweltschutz- und Sozial-/Entwicklungs-NGOs. Von den 16 Sitzen in diesem Gremium sind also nur 4 von NGOs besetzt, alle anderen Sitze fallen an die anderen Sektoren der Lieferkette. Hier sind vor allem die Palmöl anbauenden Firmen (4 Sitze), aber auch weiterverarbeitende und mit Palmöl handelnde Firmen (2 Sitze), Hersteller von Konsumgütern (2 Sitze), Einzelhandel (2 Sitze) sowie Banken und Investoren (2 Sitze) vertreten. Die Stimme der NGOs ist also nicht nur unter den Mitgliedern des RSPO, sondern auch in den Entscheidungsgremien eher unterrepräsentiert, was den Fokus leicht auf die Wirtschaftlichkeit des Palmölanbaus und die einfache und kostengünstige Umsetzbarkeit von Natur- oder Arbeitsschutzmaßnahmen verschiebt, statt auf deren Notwendigkeit und Effektivität. Dadurch wird der RSPO in der Durchsetzung derartiger Forderungen und Maßnahmen eher schwerfällig.

Effektivere Methodiken zum Schutz des Regenwaldes sind eine der zentralen Forderungen gegenüber dem RSPO.

Nichtsdestotrotz muss man die Leistung des RSPO, gewisse Grundstandards zu definieren und diese in ein Zertifizierungssystem zu überführen, anerkennen – auch wenn dies oft an den realen Bedingungen in den Ölpalmplantagen scheitert, Lücken im System ausgenutzt werden und einzelne Organisationen, die für den RSPO Plantagen zertifizieren, unter Verdacht stehen, unzureichende, irreführende oder grob falsche Gutachten zu erstellen. Denn gerade an dieser Stelle kann auch ein Zertifizierungssystem mit den besten Kriterien leicht ausgehebelt werden.

Inzwischen zeigt der RSPO auch den Willen zur Verbesserung: Zweimal startete der Standard seit seiner Einführung öffentliche Anhörungen, bei denen seine Kriterien zur Diskussion gestellt wurden, zuletzt zwischen Anfang Juni und August 2018.[25] Die Ergebnisse dieser »public consultation« genannten Aktion, die alle fünf Jahre durchgeführt wird, wurden kurz vor Druck dieses Buches bekannt und sind hier verarbeitet.[26]

Eine Gruppe von über 90 institutionellen Investoren erhöhte während dieser Phase der »public consultation« auch schon einmal den Druck: Die nach eigenen Angaben zusammen über 6,7 Billionen Dollar an verwaltetem Vermögen schwere Interessensgemeinschaft schrieb dem RSPO einen Brief, in dem sie zur Stärkung der Kriterien aufrief – alles vor dem Hintergrund, dass ihre Investitions-Portfolios Unternehmen enthalten, die starke Selbstverpflichtungen hinsichtlich der Verhinderung von Abholzung und des Einkaufs von nachhaltig angebautem Palmöl eingegangen seien.[27] Zu den wichtigsten Forderungen des Briefes gehören:

- die Einführung der HCS-Methodik und der Schutz der Wälder, die dadurch als Wälder mit hohem Kohlenstoffbestand definiert werden,
- eine Überarbeitung der Definition zu Torfböden und die Erarbeitung eines Leitfadens zum Ausstieg aus der Neupflanzung auf Torf,
- die Anpassung des Standards an die Prinzipien aus dem bereits existierenden Grundsatzpapier »Free and Fair Labor in Palm Oil Production«,
- Mechanismen zum Schutz von Menschenrechtsaktivist*innen, angelehnt an die Erklärung der Vereinten Nationen zum Schutz von Menschenrechtsverteidigern.

Diese Forderungen wurden in der neuen Version des Standards zum allergrößten Teil erfüllt.

Palm Oil Innovation Group (POIG)

Die Palm Oil Innovation Group entstand durch die anhaltende Kritik am RSPO-Standard, welcher als nicht weit genug gehend angesehen wurde. Kritik kam vor allem von Umweltschutz- und Menschenrechtsorganisationen, aber auch von Konzernen, die in den Anbau oder die Verarbeitung von Palmöl involviert und gleichzeitig schon Mitglieder des RSPO waren. Gegründet im Jahr 2013, will die Organisation den RSPO unterstützen, indem sie stärkere Kriterien zum Schutz der Umwelt und der vom Ölpalmanbau betroffenen Menschen definiert und als Zusatzverpflichtung zum RSPO-Standard anbietet.[28] Denn eine POIG-Mitgliedschaft kann nur erlangen, wer schon unter dem RSPO-Standard zertifiziert ist. Plantagenbetreiber müssen beispielsweise für mindestens 50 % ihrer Plantagen eine RSPO-Zertifizierung besitzen und sich verpflichten, innerhalb von zwei Jahren eine hundertprozentige Zertifizierung durch den RSPO anzustreben, um der POIG beizutreten.[29] Dabei wird allerdings kein Logo vergeben und keine eigentliche Zertifizierung durchgeführt. Die Mitgliedschaft selbst gilt als Zeichen dafür, dass man höhere Kriterien anlegt als vom RSPO gefordert. Momentan hat die POIG 17 Mitglieder, darunter einige relevante Akteure der Palmölindustrie wie Agropalma, Daabon und Musim Mas aufseiten der Produzenten; Ferrero, Danone und L'Oréal aufseiten der Verarbeitungsunternehmen; Greenpeace, Rainforest Action Network, Wetlands International, Orangutan Land Trust und den WWF aufseiten der Umweltschutzorganisationen sowie das International Labour Rights Forum und das Forest Peoples Programme aufseiten der Menschenrechts- und Arbeitsrechtsorganisationen.[30]

Tatsächlich schließen die Kriterien der POIG einige Lücken, die in der Zertifizierung des RSPO offen bleiben. Die wichtigsten Unterschiede sind:[31]

■ **Ein wesentlich höherer Grad an öffentlich gemachter Dokumentation**, was die Möglichkeiten von NGOs, die einzelnen Akteure zu kontrollieren, erheblich steigern dürfte. Daten, die unter diesem Standard veröffentlicht werden müssen, sind etwa:

> ▶ eine Zusammenfassung der Gutachten zu Flächen mit hohem Kohlenstoffbestand,

- der jährliche Ausstoß von Treibhausgasen und die Fortschritte bei deren Reduzierung,
- die Phosphor- und Stickstoffwerte relevanter Wasserläufe,
- Wasserverbrauch und -verschmutzung durch Plantagen und Ölmühlen,
- jährliche unabhängige Gutachten über die Einhaltung der POIG-Kriterien.

■ **Mehr Maßnahmen zur Renaturierung bereits genutzter oder in der Kultivierung befindlicher Torfflächen:**
- Identifizierung kritisch wichtiger Ökosysteme in existierenden Pflanzungen auf Torfböden und Beurteilung der Möglichkeiten zu deren Renaturierung.
- Bei Hinweisen auf hohe Gefahr für Feuer, Überflutungen, Eindringen von Salzwasser oder Freisetzung großer Mengen von Treibhausgasen in Entwässerungsgutachten soll die Neupflanzung gestoppt und die Renaturierung eingeleitet werden.

■ **Ein Verbot hoch toxischer, sich in lebendem Gewebe anreichernder und langlebiger (schwer abbaubarer) Pestizide** (inklusive Paraquat), wobei auch einige weitverbreitete, von internationalen Organisationen aber als gefährlich eingestufte Pestizide betroffen sind. Dies gilt allerdings weiterhin nicht für sogenannte »Notfälle« wie plötzliches, starkes Auftreten von Schädlingen.

■ **Die Reduzierung des Einsatzes chemischer Düngemittel**

■ **Ein Verbot der Anpflanzung von genetisch veränderten Organismen (GVO)**

■ **Erweiterung der Managementpläne für seltene und bedrohte Arten und Maßnahmen zu deren Schutz auf Landschaft außerhalb der Plantagenfläche**

■ **Bereitstellung eines finanzierten Zugangs zu unabhängigen Expertenmeinungen bei Verhandlungs- oder Konfliktlösungsprozessen mit betroffenen Gemeinschaften**
- Es dürfen nach 2014 keine Plantagen auf Land angelegt worden sein, welches durch Enteignung erlangt wurde. Zusätzlich müssen bei neu erworbenen Flächen oder bei der Wiederbepflanzung existierender Plantagen

Maßnahmen unternommen werden, um frühere Verfehlungen in Prozessen, die der freien, vorherigen und sachkundige Zustimmung von betroffenen Gemeinschaften bedürfen, wiedergutzumachen.

- **Anlage von mindestens 0,5 Hektar Garten- oder Anbaufläche pro Person (Arbeiter*innen, Kleinbauern oder betroffene lokale Bevölkerung) für nach 2014 angelegte oder erweiterte Plantagen**, welche unter Mitbestimmung der Betroffenen ausgewählt werden und deren Lebensunterhalt sichern sollen

- **Anstellung von Arbeiter*innen in Dauer- und Vollzeitbeschäftigung für alle Kernaufgaben eines Plantagenunternehmens und weiter Vorgaben für die Beschäftigung von Arbeiter*innen:**
  - Nicht mehr als 20 % der Angestellten dürfen in Zeit-, Tages oder Gelegenheitsarbeit beschäftigt sein.
  - Die maximale Wochenarbeitszeit beträgt 48 Stunden, mit Berechtigung zu einem freien Tag nach sechs aufeinanderfolgenden Arbeitstagen.

- **Unterstützung von im Plantagenkomplex arbeitenden und externen, zuliefernden Kleinbauern durch:**
  - Maßnahmen zur Erhöhung der Produktivität der Plantagen von Kleinbauern,
  - Unterstützung bei Finanzmanagement und Budgetierung,
  - Unterstützung bei Logistik, Verarbeitung der Ölpalmfrüchte und Marktzugang.

Eine Studie des Forest Peoples Programme aus dem Jahr 2017 kam allerdings zu dem Schluss, dass die Kriterien der POIG in Sachen Menschenrechte, Arbeitsschutz und soziale Nachhaltigkeit hinter den Kriterien von RSPO NEXT zurückbleibt. Dabei erreichte POIG etwa ein Viertel weniger Punkte als RSPO NEXT.[32] Insgesamt stellen die POIG-Kriterien dennoch einen weiteren, gar nicht mal kleinen Schritt in die richtige Richtung dar.

Auf die Veröffentlichung des Ende 2018 überarbeiteten RSPO-Standards hin kommunizierte die POIG in einer Pressemitteilung, dass sie die Fortschritte des Standards zwar begrüße, sie prangerte aber gleichzeitig übrig gebliebene Schwächen an.[33] Genannt wurde vor allem:

- die weitere Erlaubnis zur Anwendung von hoch toxischen, sich in Gewebe anreichernden und langlebiger Pestizide,
- das fehlende Verbot genetisch veränderter Organismen,
- das Fehlen strikter Auflagen bezüglich Arbeitszeiten und Überstunden, einer Begrenzung von prekärer Beschäftigung sowie eines klaren Ansatzes zur Definierung einer angemessenen Entlohnung,
- die Möglichkeit der Nutzung von illegal angebauten Ölpalmfrüchten für volle drei Jahre.

Der letzte Punkt bezieht sich auf den Zeitraum, den der RSPO Ölmühlen einräumt, um sicherzustellen, dass von ihnen extern eingekaufte Ölpalmfrüchte auch aus legalen Quellen stammen. Für bereits zertifizierte Ölmühlen gilt dieser Zeitraum ab dem 15. November 2018. Für Ölmühlen, die in Zukunft zertifiziert werden, gelten die drei Jahre ab dem Zeitpunkt ihrer Erstzertifizierung.

Ölmühle auf einer Ölpalmplantage in Sabah, Malaysia.

International Sustainability & Carbon Certification (ISCC)

Der ISCC wurde komplett vom deutschen Bundesministerium für Ernährung, Landwirtschaft und Verbraucherschutz (BMELV) finanziert, bevor die Organisation unabhängig wurde. Von seinen Ursprüngen her ist er auf nachhaltige Landnutzung, soziale Nachhaltigkeit, Biosphärenschutz und die Reduktion von Treibhausgasen bei der Produktion von Biomasse und Bioenergie spezialisiert, wozu auch Biokraftstoffe zählen. Inzwischen hat er seine Zertifizierungstätigkeit aber auch auf Lebensmittel und Futtermittel sowie Grundstoffe für die chemische Industrie ausgeweitet.[34] Viele der Kriterien dieses Standards sind gut gewählt. Hier eine Auswahl der wichtigsten Kriterien, die den Anbau von Ölpalmen betreffen:[35]

- kein Anbau auf Land mit hohem Wert hinsichtlich der biologischen Vielfalt,
- kein Anbau auf Land mit hohen Kohlenstoffbeständen,
- kein Anbau auf Torfböden oder Flächen, die vor 2008 Regenwälder auf Torfflächen waren,
- Verbot von Brandrodung,
- Integriertes Schädlingsmanagement (Nebenkriterium),
- Verbot bestimmter, besonders schädlicher Chemikalien (Paraquat nicht mit inbegriffen),
- angemessenes Training (Nebenkriterium) und Schutzausrüstung (Hauptkriterium) für Arbeiter*innen,
- keine Kinder- und Zwangsarbeit sowie Diskriminierungsverbot,
- Zugang von Kindern zu Schulbildung.
- Zahlung von Mindestlöhnen.

Der ISCC ist ein relativ starker Standard, was auch von den im Standard enthaltenen Definitionen für beispielsweise Torfböden oder Land mit hohem Wert hinsichtlich der biologischen Vielfalt unterstrichen wird. Denn erst

Ein ausreichender Schutz der Arbeiter*innen auf den Plantagen ist essenziell für viele Zertifizierungen.

eng gefasste Definitionen erschweren die Umgehung von Standardkriterien erheblich.

Bei der Zertifizierung unterscheidet der ISCC zwischen Haupt- und Nebenkriterien. Bei der Überprüfung einer Farm, Ölmühle oder Ähnlichem wird der Richtlinienkatalog durchgearbeitet und daraufhin eine Punktzahl vergeben. Dabei sollen alle Hauptkriterien *(major must)* und mindestens 60 % der Nebenkriterien *(minor must)* erfüllt werden – ein positives Zeichen, denn bei manch anderen Standards müssen nur die Hauptkriterien erfüllt sein.

Allerdings hat auch dieser Standard seine Schwächen. Gerade in den sozialen Bereichen ist er nicht ausreichend an die Problematiken der Ölpalmindustrie angepasst. Beispielsweise kommt die Verpflichtung zur freien, vor-

Die wichtigsten Siegel

herigen und sachkundigen Zustimmung bei der Entwicklung neuer Landstriche zu Ölpalmplantagen in den Kriterien des ISCC überhaupt nicht vor. Ebenso sind faire und legale Arbeitsverträge zwar ein Nebenkriterium, können als solches aber leicht umgangen werden. Zu den Nebenkriterien zählen unter anderem auch die Vermeidung von negativen Einflüssen auf die lokale Versorgungssicherheit mit Lebensmitteln, die Erhaltung der Bodenqualität und der Schutz von Arten und deren Lebensräumen. Hinzu kommt, dass der ISCC ein EIA zwar verlangt, aber nicht festschreibt, wer dieses Gutachten anfertigen soll. Somit können Plantagenunternehmen das auch leicht einfach selbst übernehmen. Andere Standards verlangen hier das Einschalten von unabhängigen Gutachter*innen (teils aber auch erst ab einer bestimmten Größe der Plantagenfläche).

Sustainable Agriculture Standard

Auch wenn dieser Standard in Deutschland eher mit Ananas, Bananen, Kaffee oder Tee und nicht mit Palmöl in Verbindung gebracht wird, zählt der Sustainable Agriculture Standard (Standard für nachhaltige Landwirtschaft) der Rainforest Alliance in Deutschland wohl zu den bekanntesten Standards. Leider ist er nicht speziell auf die Produktion von Palmöl angepasst, enthält aber zumindest Regelungen, welche die Einleitung von POME in Gewässer betreffen, und schützt ebenso Primärwälder und Torfböden. Allerdings sind die Definitionen hier nicht ganz so stark gewählt wie beispielsweise in den Kriterien der POIG. Zwar ist der Standard Teil des Sustainable Agriculture Network (SAN), zu dem noch einige andere Organisationen gehören, er wird aber auch von der Rainforest Alliance direkt zur Zertifizierung von landwirtschaftlichen Produkten aus Feld- und Viehwirtschaft genutzt.[36] Es gibt daher zwei Siegel, die sich auf diesen Standard berufen. Das Siegel der Rainforest Alliance mit dem Frosch hat schon vor Jahren in immer größerem Ausmaß Einzug in die deutschen Supermarktregale gehalten, daher ist es eher unwahrscheinlich, dass das Logo des Sustainable Agriculture Networks in den nächsten Jahren verstärkt auch in Deutschland genutzt wird.

Allerdings hat die Rainforest Alliance – und damit auch der SAN-Standard – in den letzten Jahren einiges an Kritik einstecken müssen. Vor allem die Organisation OXFAM warf der Rainforest Alliance in einer Studie aus dem Jahr 2016 vor, dass auf durch sie zertifizierten Plantagen in Ecuador und Costa Rica, in diesem Fall in der Bananen- und Ananasindustrie, gravierende Missstände herrschen. Dabei wurden der Organisation vor allem schlechter Schutz der Arbeiter*innen vor Pestiziden, der Einsatz hochgiftiger Pestizide, die Unterdrückung von Gewerkschaften und unzumutbare Arbeitsbedingungen vorgeworfen.[37] Die Kritik war hart und bescheinigte einigen großen Supermarktketten in Deutschland eine Mitverantwortung an den Zuständen.[38] Vielleicht auch deswegen wurde schnell und relativ umfassend reagiert, sodass noch im selben Jahr eine Überarbeitung des Standards angekündigt wurde.[39] Die momentan verwendete Version lag Mitte des Jahres 2017 vor.[40]

Und tatsächlich hat sich im Vergleich zur alten Standardversion einiges an den Kriterien verändert. Vor allem wurde der Schutz von Primärwäldern und bereits degradierten Wäldern verbessert. Auch sind nun Torfböden geschützt, die im alten Standard keine Erwähnung fanden. Ebenso fehlten die in anderen Nachhaltigkeitsstandards weit verbreitete Definitionen von High Conservation Values (HCV) und High Carbon Stocks (HCS) in der alten Standardversion völlig und wurden nun aufgenommen. Die Richtlinien zu Kinderarbeit wurden verschärft. Möglichkeiten für Mitarbeiter*innen, Beschwerden auf der Farm einzureichen, wurden zur Pflicht. Besonders stark wurden die erlaubten Pestizide eingeschränkt sowie der Schutz der Arbeiter*innen bei der Ausbringung von Pestiziden verbessert. Auch die Rechte von Frauen wurden in der neuen Version des Standards gestärkt. Neu sind drei verschiedene Leistungsstufen bezüglich der Kriterien, innerhalb derer sich zertifizierte Plantagen oder Unternehmen in einem festgelegten Zeitrahmen von der niedrigsten zur höchsten Leistungsstufe entwickeln sollen.[41] Insgesamt hat der Standard mit der Aktualisierung auf die neue Version erheblich an Stärke und damit auch an Glaubwürdigkeit gewonnen.

Diese Entwicklung könnte sich in nächster Zeit allerdings wieder relativieren. Denn die Rainforest Alliance hat angekündigt, mit UTZ zu fusionieren, einem Standard, der hierzulande vor allem durch die Zertifizierung des Anbaus von Kakao bekannt, beziehungsweise oft eher berüchtigt ist. Der UTZ sah sich immer wieder starker Kritik über zu schwache Kriterien

Die wichtigsten Siegel

ausgesetzt. Aus der Fusion der beiden Unternehmen soll ein neuer Standard hervorgehen, der Ende des Jahres 2019 vorgestellt werden soll. Ob sich UTZ und Rainforest Alliance nun als geläuterte, ehemals schwache Standards zu einem starken Standard zusammenschließen, bleibt abzuwarten. Es steht aber zu befürchten, dass der neu entstehende Standard einen Rückschritt gegenüber dem aktuellen Standard der Rainforest Alliance bedeuten könnte.

Der Sustainable Agriculture Standard wird auch zur Zertifizierung anderer Pflanzen, etwa Bananen, verwendet.

Fair for Life

Da er gerade in Deutschland zunehmend an Bedeutung für den Palmölsektor gewinnt, wollen wir den Standard Fair for Life kurz beleuchten – auch wenn es sich hierbei eigentlich um einen Fair-Trade-Standard handelt, der nicht auf den Anbau von Ölpalmen zugeschnitten ist. Er wurde von der Bio-Stiftung Schweiz in Kooperation mit dem Institut für Marktökologie (IMO) entwickelt, welches heute zur Ecocert-Group gehört.[42]

In Sachen Fair Trade kann man diesen Standard als recht stark bezeichnen. Gerade Arbeits- und Gesundheitsschutz, Tarifautonomie und die faire Behandlung von besonders schutzbedürftigen Gruppen wie Kleinbauern werden hier großgeschrieben. Auch das Verbot der Einbehaltung von Ausweisdokumenten, von Diskriminierung, Zwangs- und Kinderarbeit sowie der besondere Schutz von Frauen, Kindern, Jugendlichen und allgemein der Schutz der Familien der Arbeiter*innen sind hier stark verankert.

Außergewöhnlich ist vor allem, dass alle Regelungen des Standards auch für Mutter- und Schwestergesellschaften der zu zertifizierenden Unternehmen gelten.

Der Standard besitzt auch einige Vorgaben zum Umweltschutz. So dürfen weder Primärwälder noch alte Sekundärwälder bis zu zehn Jahre vor Antragsstellung gerodet worden sein. Das gilt bis zu fünf Jahre vor Antragsstellung auch für andere wertvolle Ökosysteme wie etwa Sumpfgebiete (zu denen auch Torfmoore zählen). Allerdings fehlt es hier an hinreichend starken Definitionen, sodass zu befürchten ist, dass diese Regelung von den Unternehmen umgangen werden kann. Gutachten zur umgebenden Natur und zu eventuell vorhandenen bedrohten Tier- und Pflanzenarten oder besonders schützenswerten Habitaten sollen erst nach ein bis drei Jahren nach der Zertifizierung vorliegen und müssen nicht durch externe Gutachter oder nach festgelegten Methoden durchgeführt werden, was die Fähigkeit des Standards, diese Natur auch wirklich zu schützen, erheblich schwächt. Auch das Mitspracherecht lokaler Gemeinschaften beispielsweise bei der Erweiterung von Plantagen wird durch diesen Standard nur wenig gestärkt, wenn auch alle Anbauflächen im Besitz des Unternehmens sein müssen und nur auf legalem Wege in dessen Besitz gelangt sein dürfen.[43]

Zusammengefasst kann man von einem guten Fair-Trade-Standard sprechen, der aber in Sachen Umweltschutz hinter den Anforderungen, die sich beim industriellen Anbau von Ölpalmen stellen, zurückbleibt. Genau aus diesem Grund wurden auch einige spezielle Modelle geschaffen, über die wir im folgenden Abschnitt sprechen wollen.

Spezielle Modelle

Der immer höher werdende öffentliche Druck auf Unternehmen, die nachhaltig arbeiten wollen, auf Palmöl aber gleichzeitig nicht verzichten möchten oder können, hat dazu geführt, dass einige Unternehmen sich selbst nach (meist kleineren) Kooperationspartnern für die Beschaffung von nachhaltigem Palmöl umgesehen haben.

Ein Beispiel für den Bezug von nachhaltigem Palmöl in Deutschland ist Serendipalm, eine Schwesterfirma der in Deutschland unter dem Namen Dr. Bronner's bekannten amerikanischen »All-One-God-Faith, Inc.«. Serendipalm beliefert in Deutschland sowohl die GEPA als auch Rapunzel Naturkost. Dabei wird kein eigenes Label vergeben, sondern verschiedene Label werden kombiniert. So sind die in Ghana gelegenen Plantagen von Serendipalm sowohl nach der EG-Öko-Verordnung zertifiziert als auch nach dem Fair-Trade-Standard Fair for Life. Zusätzlich wurden im Anbaugebiet mehrere Entwicklungsprojekte angestoßen, insbesondere in den Bereichen Wasserversorgung, Sanitäranlagen und dem Bildungs- und Gesundheitssystem.[44]

Ähnlich verfährt die Natural Habitats Group. Diese Firma beliefert in Deutschland beispielsweise Rapunzel Naturkost.[45] Als RSPO-Mitglied kombiniert die Firma (auch unter einem »Palm done right«-Label) wahlweise die Zertifizierung nach der EG-Öko-Verordnung mit Fair for Life, dem RSPO-Label, dem Label des »Non-GMO Project« und der Rainforest Alliance.[46] Zusätzlich wirbt die Firma damit, sich weit über die Anforderungen der Labels hinaus für die Umwelt in den Anbauregionen und die dort lebenden Gemeinschaften einzusetzen. Das wird laut dem Unternehmen durch Sozial- und Gemeindeentwicklungsprojekte, die Erarbeitung von Umweltmanagementplänen, Umweltbildungs- und Jugendbildungsprogramme, Wiederaufforstungsprogramme und viele mehr erreicht.⁴⁷ Die Natural Habitats Group unterhält zwei Produktionsstätten, eine in Sierra Leone und eine in Ecuador. Beide sind biozertifiziert, aber nur der Standort in Ecuador besitzt auch noch weitere Zertifikate wie RSPO, Fair for Life und Rainforest Alliance (nur aus diesem bezieht übrigens Rapunzel Palmöl). Auf der schon zuvor besprochenen Fair-for-Life-Zertifizierung fußt auch der unternehmenseigene Fair-Trade-Standard von Rapunzel, »Hand in Hand«, denn in dem Fall, dass ein Zulieferer bereits eine Fair-for-Life-Zertifizierung besitzt, nutzt Hand in Hand diese Zertifizierung als Grundlage für die eigene.⁴⁸

Solche Projekte können ein Segen für Unternehmen sein, die Palmöl für ihre Produktion benötigen, aber von ihrer Firmenphilosophie auf ökologische Nachhaltigkeit oder soziale Verantwortung setzen. Dasselbe gilt für Verbraucher*innen – solange man dem jeweiligen Unternehmen vertraut. Denn die zusätzlichen, über die Standardanforderungen wie EG-Bio hinausgehenden Engagements, die ins Feld geführt werden, sind nur schwer nachprüfbar und werden nur durch das Unternehmen selbst sichergestellt. Damit bürgt das Unternehmen, welches das angebaute Palmöl nutzt, sozusagen für diese Engagements, auch ohne tatsächliches Siegel. Daher müssen Verbraucher*innen hier auch genau hinschauen, nach welchen Kriterien das genutzte Palmöl angebaut wird. Denn eine Biozertifizierung ist zwar natürlich eine gute Sache und die Kriterien der Hand-in-Hand-Zertifizierung, wie auch die von Fair for Life, schließen zumindest Brandrodung und die Rodung von Primärwäldern kategorisch aus. Bestimmte Praktiken beim Anbau von Palmöl verlangen aber nach speziell daran angepassten Standards, um sie zu unterbinden oder zumindest in geregelte Bahnen zu lenken. Hier sollen diese Praktiken durch eigene Verpflichtungen der Unternehmen ausgeschlossen werden. Die unabhängige Kontrollinstanz, die uns Verbraucher*innen darauf hinweist, dass hier oder da bestimmte Kriterien nicht eingehalten wurden, fehlt dabei.

Es muss aber klar sein, dass so ein System, in dem verschiedene Siegel kombiniert werden und darüber hinausgehende Maßnahmen wie etwa der Schutz von Torfböden durch eine Art Versprechen des handelnden Unternehmens abgesichert werden, weder eine dauerhafte noch eine globale Lösung sein kann. Diese Systeme funktionieren mit Unternehmen, die ihr Engagement wirklich ernst meinen, und in relativ kleinen Maßstäben, was die produzierten Mengen angeht. Stellen wir uns aber das Chaos vor, das entstünde, wenn eine große Zahl von Firmen ihren Nachschub an Palmöl auf diese Weise legitimieren würde. Es käme zu einem für Verbraucher*innen undurchschaubaren Gewirr aus Kombinationen verschiedener Siegel und Selbstverpflichtungen von Unternehmen, deren Einhaltung von ihnen selbst kontrolliert würde.

So können derartige Konstrukte ein wunderbarer Weg für einzelne Unternehmen sein, die momentanen Gesetzmäßigkeiten des Palmölmarktes zu umgehen, in einzelnen Anbaugebieten ihre eigenen, besseren Realitäten zu schaffen und eventuell sogar eine Vorreiterrolle einzunehmen. Für die Umstellung der ganzen Industrie auf eine nachhaltigere, umwelt- und menschenfreundlichere Art des Anbaus wird es aber verbindliche, wenn nicht gar gesetzlich festgelegte Standards brauchen, an die sich alle zu halten haben.

Forum Nachhaltiges Palmöl (FONAP)

Zuletzt wollen wir noch kurz über eine in Deutschland aktive Initiative reden, die sich des Themas angenommen hat, aber keinen Standard im eigentlichen Sinne darstellt.

Das FONAP ist ein Zusammenschluss aus verschiedenen palmölverarbeitenden Wirtschaftsbereichen, also großen Lebensmittel- und Waschmittelherstellern, Drogerie- und Einzelhandelsketten und ähnlichen Unternehmen. Unter dessen Mitgliedern befinden sich aber auch der ISCC, SAN (siehe Seiten 122 und 124) und der WWF. Der Zusammenschluss hat das Ziel, in Deutschland, Österreich und der Schweiz verwendetes Palmöl und Palmkernöl nur noch aus nachhaltigen Quellen zu beschaffen. Daher haben sich die Mitglieder des Forums verpflichtet, spätestens ab dem 1. Januar 2018 nur noch Palmöl und Palmkernöl der RSPO-Lieferkettenoption Segregated zu verwenden. Fraktionen und Derivate von Palm- und Palmkernöl sollen zu mindestens 50 % nach der Lieferkettenoption Mass Balance eingekauft werden (siehe Seite 113). Ab dem Jahr 2020 soll dies zu 100 % der Fall sein.[49]

Zusätzlich gehen die Mitglieder eine Selbstverpflichtung zu einigen weiteren Punkten ein:[50]

- Stopp des Anbaus auf Torfböden und anderen Flächen mit hohem Kohlenstoffgehalt,
- Stopp der Nutzung hochgefährlicher Pestizide (nach der Konvention von Rotterdam und Stockholm, WHO 1a und 1b sowie Paraquat),
- Anwendung strenger Reduktionsziele für Treibhausgasemissionen,
- Sicherstellung, dass zertifizierte Palmölmühlen Rohware ausschließlich aus legalem Anbau beziehen,
- mehr Transparenz in Beschwerdeverfahren.

Leider sind nicht all diese Punkte sonderlich gut ausformuliert, was den Spielraum für Unternehmen recht weit bemisst. Seinen letzten Fortschrittsbericht hat das FONAP 2016 veröffentlicht.[51] Es lässt sich also nur schwer überprüfen, ob die Mitglieder des FONAP ihre Selbstverpflichtung seitdem auch eingehalten haben. In der Palmöl-Scorecard des WWF aus dem Jahr 2017 und in ihren Fortschrittsberichten an den RSPO waren einige Mitglieder noch relativ weit von den selbst gesteckten Zielen entfernt.[52] Immerhin kann man den Mitgliedsorganisationen des FONAP zugestehen, dass sie sich in die richtige Richtung bewegen. Wie schnell sie das tun und ob hier vielleicht doch auch Zeit geschunden wird, lässt sich aber nur schwer beurteilen.

Allgemeine Schwächen

Insgesamt haben all diese Standards aber ein grundlegendes Problem: Ihnen fehlt die eigene Kontrollinstanz, da sie normalerweise die Inspektionen der Ölpalmplantagen, Mühlen etc. nicht selbst übernehmen, sondern dies meist von unabhängigen Firmen durchführen lassen. Das muss nichts Schlechtes heißen, denn eine unabhängige Kontrolle durch diese Firmen ist besser als eine Kontrolle durch das zertifizierte Unternehmen selbst. Es schafft aber eine potenzielle Schwachstelle im System, denn so wird die Überprüfung, ob die Kriterien des Standards auch tatsächlich eingehalten werden, zumeist nicht von Mitarbeiter*innen des jeweiligen Standards selbst durchgeführt, was vor Interessenkonflikten innerhalb des Standards selbst schützen soll.

Einem Standard könnte ja schließlich daran gelegen sein, dass möglichst viele Unternehmen unter ihm zertifiziert sind, um damit möglichst viel Geld zu verdienen, auch wenn die Voraussetzungen dafür eigentlich nicht erfüllt sind. Stattdessen wird ein externes Unternehmen damit beauftragt, welches vom jeweiligen zu zertifizierenden Betrieb oder Unternehmen bezahlt wird. Die mit der Kontrolle beauftragten Unternehmen und deren Mitarbeiter*innen müssen dabei einige Anforderungen erfüllen und ihre fachliche Eignung für die Durchführung von Kontrollen durch die Absolvierung bestimmter Kurse unter Beweis stellen. Dafür ist eine vom Standard ausgewählte Institution zuständig, welche die Zertifizierungsunternehmen akkreditiert – sollte ein Unternehmen oder dessen Mitarbeiter*innen aber korrupt sein oder nachlässig oder doch unzureichend gut ausgebildet, können auch Plantagen eine Zertifizierung erhalten, die die Voraussetzungen dafür eigentlich nicht erfüllen. Ist die Zertifizierung aber erst einmal erteilt, lässt sich im Nachhinein nur schwer nachprüfen, ob sie zu Recht erteilt wurde.

Zusätzlich problematisch ist, dass die unabhängigen Zertifizierungsunternehmen und deren Mitarbeiter durch den Standard oder die Institution, welche das Unternehmen akkreditiert hat, kaum überprüft werden können. Es existieren einige Regelungen, die Interessenkonflikte verhindern sollen, wie etwa, dass die gleichen Kontrolleure nicht mehr als dreimal hintereinander die jährliche Nachkontrolle bei ein und demselben zertifizierten Unternehmen durchführen dürfen oder innerhalb der letzten drei Jahre nicht selbst bei diesem Unternehmen gearbeitet haben dürfen. Die Einhaltung dieser Regelungen wird aber meist von einem Komitee des Zertifizierungsunternehmens (eventuell unter Berufung einiger selbst ausgesuchter externer Mitglieder) überwacht. So erschwert man zwar Schieberei und Korruption, schließt sie aber nicht aus.

Dies stellt für die Standards beim Sprung von der Theorie in die Praxis – also in die Plantagen – einen Unsicherheitsfaktor dar. Dieser hat neben der Vermeidung von Interessenkonflikten allerdings noch einen recht weit verbreiteten Grund: Geld. Selbstverständlich kostet die Zertifizierung nach einem Standard das zu zertifizierende Unternehmen oder den kleinbäuerlichen Betrieb etwas. Würden ständig Mitarbeiter*innen der Standards um die Welt fliegen, um Plantagen zu zertifizieren, würden diese Kosten sicherlich noch erheblich steigen. Indem man die Überprüfung des jeweiligen

Betriebs am Ort der Produktion an andere Firmen auslagert, spart man sich diese Kosten. Denn auch Standards müssen darauf achten, dass die Kosten der Zertifizierung nicht den Nutzen für das Unternehmen übersteigen, sonst wird eine Zertifizierung uninteressant. Außerdem bleibt natürlich auch fraglich, ob Kontrolleur*innen besser zu überprüfen wären, wenn sie beim jeweiligen Standard selbst angestellt wären.

Die Zertifizierung durch unabhängige Firmen vor Ort birgt zwar Risiken, ist aber logistisch viel einfacher zu handhaben.

Die wichtigsten Siegel

Neben dieser Schwachstelle bei der Kontrolle stellen auch die für die Zertifizierung anfallenden Grundkosten oft ein Problem dar – zwar nicht für große Plantagenunternehmen, aber durchaus für kleinbäuerliche Betriebe und Kooperativen. Diese verdienen am Anbau von Ölpalmen oft gerade genug, um ihren Lebensunterhalt zu sichern. Zusätzliche Kosten für die Zertifizierung müssten dann durch das Erzielen höherer Preise für die produzierten Ölpalmfrüchte ausgeglichen werden, was aber nicht immer der Fall ist. Das führt dazu, dass eine Zertifizierung und somit auch ein nachhaltigerer und umweltfreundlicherer Anbau für diese kleinen Produzenten unattraktiv werden.

Oft sind die Kosten für die anfängliche Zertifizierung dabei höher als die der folgenden, jährlichen Überprüfungen. Das liegt darin begründet, dass Standards bestimmte Dokumente, Nachweise und eventuell Lehrgänge der Mitarbeiter*innen (beispielsweise zur Arbeitssicherheit) sowie Gutachten verlangen, die erst einmal beschafft und finanziert werden müssen. Das gilt allerdings nur für die Kosten der reinen Zertifizierung. Eine Studie der niederländischen Universität Wageningen kam zu dem Schluss, dass die Kosten für die erstmalige RSPO-Zertifizierung in Indonesien und Malaysia etwa zwischen 191 und 751 Euro pro kleinbäuerlichem Betrieb (zwischen 87 und 114 Euro pro Hektar) liegen. Das macht zwischen 5 und 14 % des jährlichen Einkommens durch den Verkauf von Ölpalmfrüchten aus. In den folgenden Jahren erhöhten sich die Kosten für kleinbäuerliche Betriebe allerdings durch höhere Anforderungen an landwirtschaftliche Produktionsmittel (etwa Dünger), Arbeitslöhne und die Kosten der jährlichen Überprüfung auf bis zu 27 % der jährlichen Einnahmen. Die zusätzlichen Prämien durch den Verkauf der Ölpalmfrüchte über das System des RSPO, die dem gegenüberstehen, liegen aber nur bei 1 bis 4 % des normalen Preises, zumindest bei dem Book-and-Claim-System des RSPO (siehe Seite 113).[53] Dadurch können sich gerade Kleinbauern, die nicht in einer Kooperative organisiert sind und nur über wenige Hektar Anbaufläche verfügen, eine Zertifizierung ihrer Farmen oft gar nicht leisten oder verlieren ihr Zertifikat schnell wieder, da sie die Folgekosten auf Dauer nicht aufbringen können. Kleinbauern, die in Kooperativen organisiert sind, trifft dies nicht so hart, da die insgesamt zertifizierte Fläche größer ist, was die Zertifizierungskosten für die einzelne Farm senkt.

Es zeichnet sich aber auch eine generell erfreuliche Entwicklung bei den für den Anbau von Ölpalmen genutzten Standards ab – sie werden mit jeder Überarbeitung der Kriterien zumeist strenger und beinhalten immer mehr Voraussetzungen und Instrumente, die einen sowohl ökologisch als auch sozial nachhaltigen Anbau von Ölpalmen zwar nicht garantieren können, aber doch zumindest befördern. Und es wird zunehmend schwerer, bestimmte zentrale Kriterien zu umgehen. Beispielsweise werden durch die Verpflichtung, spezielle Gutachten von unabhängigen, dritten Instanzen anfertigen zu lassen, Regenwälder und die Rechte der beheimateten Gemeinden besser geschützt. Diese standardübergreifenden Verbesserungen haben wohl nicht zuletzt auch etwas mit der anhaltenden Kritik von Naturschutz- und Menschenrechtsorganisationen sowie mit der Arbeit von Journalist*innen und dem Interesse von Verbraucher*innen an verantwortungsvoll hergestellten Produkten zu tun.

Zusammenfassend kann man sagen, dass fast alle Standards zur Verbesserung der Arbeitsbedingungen, der Menschenrechtssituation und zur Abmilderung der ökologischen Folgen des industriellen Anbaus von Ölpalmen beitragen – sie aber trotz wiederholter Verschärfung der Richtlinien meist zu kurz greifen, um *alle* negativen Folgen zufriedenstellend zu unterbinden. Das mag bei manchen Standards auf nur wenige Punkte zutreffen, andere haben aber mehr als nur erhöhten Nachholbedarf. Es bleibt abzuwarten, ob in den nächsten Jahren ein Standard auf den Plan tritt oder ein bereits bestehender sich dahin entwickelt, dass man diesen als uneingeschränkt empfehlenswert bezeichnen könnte.

Bis dahin gibt Ihnen das Ampelsystem auf den nächsten Seiten einen handlichen Überblick über die verschiedenen Siegel, damit Sie bei Einkäufen gut gewappnet sind.

Überblick über die Siegel

Anforderung	Soziales							
	RSPO	RSPO NEXT	POIG	ISCC	MSPO	ISPO	SAN	Fair for Life
Social Impact Assessment unter Beteiligung der Bevölkerung	🟢	🟢	🟢	🟢	🟢	🟡	🟢	🟢
FPIC	🟢	🟢	🟢	🔴	🟢	🔴	🟢	🔴
Beteiligung der Gemeinden	🟢	🟢	🟢	🟡	🟢	🔴	🟢	🟡
Wahrung der Rechte indigener Völker	🟢	🟢	🟢	🟡	🟡	🔴	🟡	🟡
Konfliktlösungsstrategien	🟢	🟢	🟢	🔴	🔴	🔴	🟢	🟢
Gute Behandlung von Kleinbauern	🟢	🟢	🟢	🟡	🟡	🔴	🟢	🟢
Verbot von Zwangsarbeit	🟢	🟢	🟢	🟢	🔴	🔴	🟢	🟢
Verbot von Kinderarbeit	🟢	🟢	🟢	🟡	🟡	🟢	🟢	🟢
Schutz von Frauen	🟢	🟢	🟡	🔴	🟢	🔴	🟢	🟢
Diskriminierungsverbot	🟢	🟢	🟢	🟢	🟢	🟢	🟢	🟢
Gute Arbeitsbedingungen	🟢	🟢	🟢	🟢	🟢	🟡	🟢	🟢
Verbot der Einbehaltung von Ausweisdokumenten	🟢	🟡	🟢	🔴	🔴	🔴	🔴	🟢
Mindestlohn	🟢	🟢	🟢	🟢	🟢	🟢	🟢	🟢
Tarifautonomie	🟢	🟢	🟢	🟢	🟡	🟡	🟢	🟢

Umweltschutz

Anforderung	RSPO	RSPO NEXT	POIG	ISCC	MSPO	ISPO	SAN	Fair for Life
Environmental Impact Assessment	🟢	🟢	🟢	🔴	🟡	🟡	🟢	🟡
High Conservation Values	🟢	🟢	🟢	🟡	🔴	🟡	🟢	🟡
High Carbon Stocks	🟢	🟡	🟢	🟢	🔴	🔴	🟢	🔴
Schutz von Torfböden	🟢	🟢	🟢	🟢	🔴	🔴	🟡	🟢
Schutz von Primärwäldern	🟡	🟡	🟡	🟢	🟡	🟡	🟡	🟢
Schutz bedrohter Arten	🟢	🟢	🟢	🟢	🟡	🟡	🟢	🟡
Wasserschutz	🟢	🟢	🟢	🟢	🟢	🟢	🟢	🟢
Integriertes Schädlingsmanagement	🟢	🟢	🟢	🟢	🔴	🟢	🟢	🟢
Reduzierung von Treibhausgasen	🟢	🟢	🟢	🟢	🟢	🟢	🟢	🟡
Verbot von genetisch veränderten Organismen	🔴	🔴	🟢	🟡	🔴	🔴	🟢	🟢

Die wichtigsten Siegel

Orientierungshilfen für den Alltag

Neben diesem kleinen Überblick über die verschiedenen Siegel gibt es auch zahlreiche gut aufbereitete Listen und Zusammenfassungen von NGOs, Websites und Apps, die beim täglichen Einkauf Hilfestellung geben.

Die Palmöl-Scorecard des WWF

Der WWF gibt seit einigen Jahren eine Studie zur Nutzung von nachhaltigem (in diesem Fall meist RSPO-zertifiziertem) Palmöl heraus. Man kann diese im Internet unter dem Namen »Palmöl-Scorecard« oder »Palmöl-Check« für verschiedene Länder und Jahre abrufen. Die Studie vermittelt einen relativ aktuellen Einblick in die Nutzung von zertifiziertem Palmöl verschiedener Firmen, unterteilt nach Supermärkten und Herstellern von Kerzen, Hygieneartikeln, Wasch- und Reinigungsmitteln etc. Dabei wird nicht nur der prozentuale Anteil von zertifiziertem an dem gesamt verwendeten Palmöl angegeben, es wird auch zwischen den verschiedenen Lieferkettenmodellen Book and Claim, Mass Balance, Segregated und Identity Preserved unterschieden (siehe Seite 113). Die Zahlen zur Verwendung von zertifiziertem Palmöl werden durch direkte Nachfragen des WWF bei den Unternehmen ermittelt. Sie werden auf Plausibilität geprüft, sind aber nicht unabhängig nachgeprüft.

Auch ob die Unternehmen Mitglieder des RSPO oder des FONAP sind, fließt hier in die Bewertung ein, auch wenn dies für die Nutzung von zertifiziertem Palmöl nicht wirklich von Bedeutung ist. Sollte ein Unternehmen beispielsweise die Selbstverpflichtung des FONAP übertreffen, aber kein Mitglied des FONAP sein, bekäme es trotzdem Punktabzug (dieses Bewertungsdetail soll wohl eher dazu dienen, Unternehmen zu ermuntern, den Initiativen des WWF beizutreten).

Die Company Scorecard (Greenpeace)

Allgemeiner gehalten als die Palmöl-Scorecard des WWF – und leider nicht in deutscher Sprache verfügbar – ist die durch Greenpeace International herausgegebene Company Scorecard.[54] Hier werden vor allem große internationale Unternehmen auf ihre Nachhaltigkeit in Sachen Palmöl abgeklopft.

Sehr aktiv in Sachen Palmöl sind übrigens die Greenpeace-Mitarbeiter unserer Nachbarn in Österreich: Sie geben relativ regelmäßig Informationen zu Palmöl in Produkten des täglichen Gebrauchs heraus, wie beispielsweise eine Erhebung zu Palmöl in Österreichs Supermärkten aus dem Jahr 2017, in der klar benannt wird, in welchen Produkten Palmöl am häufigsten vorkommt und auch Alternativen aufgezeigt werden.[55] Wegen der räumlichen und wirtschaftlichen Nähe zwischen Deutschland und Österreich kann davon ausgegangen werden, dass viele der Ergebnisse auf Deutschland übertragbar sind.

Der Roundtable on Sustainable Palm Oil

Wer genauere Daten sehen möchte und für wen eine RSPO-Zertifizierung ausreichend ist, der kann sich auf der Website des RSPO direkt informieren. RSPO-Mitglieder müssen hier jährlich einen Fortschrittsbericht einreichen, in dem sie sowohl die Mengen an genutztem Palm- und Palmkernöl als auch die Lieferkettenoption, über welche diese bezogen wurden, veröffentlichen. Auch zukünftig geplante Erhöhungen des Anteils an genutztem, zertifiziertem Palmöl werden hier vermerkt, genauso wie geplante Aktivitäten und Programme, etwa zur Unterstützung von kleinbäuerlichen Betrieben. Dazu muss man nur das jeweilige Unternehmen unter der »Find Members«-Funktion der Website suchen. Das funktioniert aber, wie gesagt, nur bei Mitgliedern des RSPO.

Ratgeber-Website umweltblick.de

Trotz der seit Jahren von Umweltschutzorganisationen und Verbraucher*innen geäußerten Kritik gibt es in Deutschland leider nur wenige Websites, die detaillierte Informationen zu palmölfreien Produkten oder deren Herstellern zur Verfügung stellen. Manchmal findet man Listen von Einzelprodukten in sozialen Netzwerken – nur leider ist nicht immer alles glaubwürdig, was dort gepostet wird.

Die Website umweltblick.de schafft Abhilfe. Sie enthält eine einigermaßen aktuell gehaltene Auflistung von Herstellerfirmen, die bewusst auf Palmöl verzichten:

- ▶ *http://www.umweltblick.de/index.php/branchen/produkte-ohne-palmoel*

Die Smartphone-Apps PoP und CodeCheck

Etwas besser ausgestattet und für die Endbenutzer komfortabler sind die zwei für Deutschland nutzbaren Apps, die entweder Datenbanken per Produktname abfragen oder den Barcode des zu überprüfenden Produktes scannen und dann die über das jeweilige Produkt bekannten Informationen zusammenstellen. Beide Apps sind natürlich auch über die vom Betriebssystemhersteller des jeweiligen Smartphones zur Verfügung gestellten Downloadplattformen erhältlich.

- **PoP – Produkte ohne Palmöl/ZeroPalmöl**
  http://www.zeropalmoel.de/content/zero
  Diese kostenlose App enthält eine Liste einiger Tausend palmölfreier Produkte sowie eine Herstellerdatenbank, in der über die Nutzung von zertifiziertem Palmöl bei diesen Herstellern oder deren Verzicht auf Palmöl informiert wird.

- **CodeCheck**
  https://www.codecheck.info/
  Die kostenlose App CodeCheck muss erst darauf eingestellt werden, Palmöl in Produkten anzuzeigen, was aber schnell zu bewerkstelligen ist. Danach kann man durch das Einscannen eines Barcodes einsehen, ob in dem gescannten Produkt Palmöl enthalten ist – sofern diese Information für das entsprechende Produkt bereits in der Datenbank vorhanden ist.

Leider erkennen beide Apps nicht jedes Produkt mit beziehungsweise ohne Palmöl komplett zuverlässig. Das liegt vor allem darin begründet, dass ausreichende Informationen zum Produkt fehlen oder nicht sichergestellt ist, ob ein potenzielles Palmölderivat wirklich aus Palmöl oder aus einem anderen Pflanzenöl stammt. Hier kommen Sie als Verbraucher*innen ins Spiel, denn die App kann mit Daten gefüttert werden, die Verbraucher*innen zum Beispiel durch eine Produktanfrage beim Unternehmen selbst erhalten haben (siehe Seite 143).

Selbst aktiv werden

In den letzten Jahren wurden immer wieder neue Anläufe gestartet, die Palmölindustrie in Bahnen zu lenken, die einen weniger zerstörerischen und ausbeuterischen Anbau von Ölpalmen ermöglichen. Leider sind hier auch viele leere Versprechungen gemacht worden, die im Nachhinein den Anschein erwecken, dass vielleicht eher versucht wurde, sich mehr Zeit zu verschaffen. Daher ist es wichtig, dass Verbraucher*innen nicht nur darauf warten, dass die Industrie ihre Probleme irgendwann vielleicht von selbst löst, sondern selbst aktiv werden und Druck ausüben.

Denn mit jeder freiwilligen Selbstverpflichtung, bei der Konzerne zusagen, ihre Methoden zu ändern oder ihre Rohstoffe aus nachhaltigeren Quellen zu beschaffen, entziehen sie sich dem Druck der Konsument*innen ebenso wie einer eventuellen Regulierung durch Behörden oder der Kritik von Umweltschutz- oder Menschenrechtsorganisationen. Meist gesteht man den Unternehmen dann eine gewisse Karenzzeit zu, damit sie ihre Anbau-, Arbeits- oder Einkaufsrichtlinien überarbeiten und ihre Produktion umstellen können. So vergehen Jahre an runden Tischen oder in Stakeholder-Dialogen, in deren Verlauf wenig öffentlicher Druck erzeugt wird und man erst mal

Auch Apps können bei vielen Produkten schon Auskunft geben, ob Palmöl enthalten ist.

weitermachen kann wie bisher – denn man befinde sich ja in einem Prozess, einer Reise hin zu etwas Besserem, Nachhaltigerem, Schöneren.

Ob das Ergebnis dann tatsächlich den Erwartungen der Öffentlichkeit, der Verbände und Nichtregierungsorganisationen oder auch nur den grundlegenden Inhalten der vorher eingegangenen Selbstverpflichtung entspricht, scheint dabei allzu oft zweitrangig, denn eine freiwillige Selbstverpflichtung hat mit Pflicht nichts zu tun. Es gibt dabei keine Vertragsstrafen, die ein Unternehmen zahlen müsste, sollte es die Inhalte der Selbstverpflichtung nicht erfüllen. Man ist aber dem akuten Druck ausgewichen und hat geldwerte Zeit gewonnen. Im Endeffekt wird das Unternehmen wahrscheinlich in Teilen auf die gestellten Forderungen eingehen müssen, entscheidet aber selbst, wie weit die eigenen Zugeständnisse reichen werden. Die Währung, mit der hier gezahlt wird, ist das Vertrauen der Verbraucher*innen. Von ihnen hängt der Erfolg des Unternehmens ab. Glücklicherweise für die Unternehmen haben wir ein schlechtes Gedächtnis und wenig Durchhaltevermögen, sodass auch eine nicht eingehaltene Zusage oft ausreicht, um den Zorn der Öffentlichkeit zu zerstreuen. Und da unser Gedächtnis wirklich erstaunlich schlecht zu sein scheint, können Unternehmen diese Strategie sogar wiederholt nutzen. Auch wenn die Verantwortung für eine nachhaltige Produktion unserer Produkte eigentlich nicht bei den Verbraucher*innen zu suchen ist, sind es doch wir, durch die am schnellsten eine Änderung herbeigeführt werden kann. Im Grunde kann es nicht sein, dass wir Konzerne mit dem Argument davonkommen lassen, dass ihr Geschäftskonzept ohne Umweltzerstörung, schlechte Arbeitsbedingungen und Menschenrechtsverletzungen nicht funktioniert.

Andere informieren

Für mündige Konsument*innen ist es vor allem wichtig, sich informiert zu halten. Noch besser ist es natürlich, wenn man aktiv wird. Das muss nicht immer Aktivismus sein. Auch die eigene Kaufentscheidung setzt schon ein (wenn auch kleines) Zeichen. Andere zu informieren, vergrößert den Effekt. Das kann natürlich auch über soziale Medien oder Foren geschehen, den größten Einfluss hat man aber in seiner direkten Umgebung, denn hier müssen die Gesprächspartner*innen nicht erst selbst das Engagement aufbringen, ein Forum oder Ähnliches zu besuchen.

Die Produktanfrage (PA)

Produktanfragen sind ein relativ einfaches und sehr effektives Mittel, um den Unternehmen zu zeigen, dass das Thema Palmöl wichtig ist. Der Ansatz ist denkbar einfach – man fragt einfach nach. Ist man sich unsicher, ob ein Produkt, welches man vielleicht gerne nutzen würde oder zu Hause stehen hat, Palmöl enthält oder wie das enthaltene Palmöl hergestellt wurde, dann gibt es keinen Grund, nicht einfach beim Hersteller nachzufragen. Produktanfragen wurden früher vor allem von Veganer*innen gestellt, als Siegel für vegane Lebensweise noch kaum verbreitet waren. Die Ergebnisse Hunderter Anfragen wurden dann in Foren gesammelt und waren für andere einsehbar. Das funktioniert natürlich genauso mit Palmöl. Wir haben es selbst bei einigen Unternehmen ausprobiert. Man muss zwar manchmal wiederholt nachhaken, bekommt aber recht zuverlässig eine Antwort auf seine Fragen. Dazu schreibt man einfach einen Text ähnlich dieser Vorlage:

VORLAGE PRODUKTANFRAGE

Sehr geehrte Damen und Herren,
ich habe eine Anfrage zu einem von Ihrem Unternehmen hergestellten / in den Filialen Ihres Unternehmens verkauften Produkt.
Es handelt sich dabei um [voller Name des Produkts] mit der Artikelnummer [Artikelnummer, EAN / GTIN des Produkts].
Könnten Sie mir sagen, ob das genannte Produkt Palmöl, Palmkernöl sowie Derivate oder Fraktionen von Palmöl oder Palmkernöl enthält? Wenn ja, könnten Sie mir mitteilen, von wo Sie dies beziehen und nach welchen Kriterien die Ölpalmen angebaut werden?
Vielen Dank für Ihre Bemühungen und beste Grüße,

… …

Was man in jedem Falle immer braucht, ist eine Art von Artikelnummer, die das Produkt eindeutig identifiziert. Das kann entweder die unter dem Barcode befindliche Nummer (EAN beziehungsweise GTIN) sein oder eine oft in der Nähe des Barcodes aufgedruckte Artikelnummer. Man kann sich natürlich auch nach mehreren Produkten gleichzeitig erkundigen oder genauer ins Detail gehen. Dann kann es aber passieren, dass auf Betriebsgeheimnisse verwiesen wird, was zum Beispiel bei Fragen zur prozentualen Zusammensetzung eines Produktes oft der Fall ist. Die Produktanfrage kann man meist per E-Mail an den Kundenservice des Unternehmens, welches das Produkt in seinen Filialen verkauft, beziehungsweise des herstellenden Unternehmens richten. Gerade bei Einzelhandelsunternehmen gibt es auch oft die Möglichkeit, sich über ein Onlineformular an den Kundenservice zu wenden. Hier wird dann auch zumeist darauf verwiesen, welche Art von Artikelnummer man angeben soll und wo diese zu finden ist.

Damit hat sich dieses einfache Mittel der Kundeninformation aber noch nicht erschöpft. Hat man eine Antwort erhalten, kann man die Information auch weitergeben, um andere zu informieren. Dafür eignen sich vor allem Organisationen und Internetseiten, die Daten über enthaltenes Palmöl sammeln und öffentlich zugänglich machen (siehe Seite 140). Allerdings sollte man dabei darauf achten, dass die Persönlichkeitsrechte des Gesprächspartners oder der Gesprächspartnerin gewahrt bleiben. Man sollte also Abstand davon nehmen, den Namen von Gesprächspartner*innen zu nennen oder den kopierten Antworttext einfach online zu stellen – die reine Information reicht.

Petitionen

Petitionen, also Unterschriftenaktionen mit dem Ziel, entweder Unternehmen oder Behörden zu Handlungen in eine bestimmte Richtung zu veranlassen, sind ebenfalls ein gutes Mittel, um sich Gehör zu verschaffen. Dabei muss eine Petition nicht einmal ihr eigentliches Ziel erreichen, um dennoch erfolgreich zu sein. Da Petitionen öffentlich sind, werden sie auch von anderen Unternehmen, die nicht direkt Ziel der Forderung sind, wahrgenommen. Ob danach gehandelt wird oder nicht, hängt davon ab, welche zukünftigen negativen Folgen oder Vorteile sich daraus für das eigene Unternehmen ergeben könnten. Es mag also durchaus sein, dass Konkurrenten eines Unternehmens, welches Ziel einer Petition ist, die Forderungen öffentlichkeitswirksam erfüllen, um dem Konkurrenzunternehmen Marktanteile abzujagen. Das betroffene Unternehmen wird diese Möglichkeit ebenfalls im Blick haben und seine Marktanteile nicht verlieren wollen. Das kann nicht nur bei direkten Konkurrenten funktionieren, sondern vermittelt für alle möglichen Teilbereiche unserer Wirtschaft ein Indiz dafür, dass die Anforderungen ihrer Kund*innen sich in eine bestimmte Richtung entwickeln, der man auf lange Sicht wahrscheinlich besser folgt, als sie zu ignorieren.

Um selbst eine Petition zu starten, muss man natürlich wissen, was man will, wie dies erreicht werden soll und wer das Ziel der Petition ist. Beeinflussen möchte man mit einer Petition zumeist Politiker*innen, Organisationen oder Unternehmen. Man muss also eventuell ein wenig Vorarbeit leisten und herausfinden, wer über das Anliegen zu entscheiden hat. Möchte man beispielsweise, dass ein bestimmtes Unternehmen auf Palmöl in der Produktion verzichtet, so kann man als Petitionsziel entweder das Unternehmen als Ganzes oder den Vorstand des Unternehmens wählen. Bei Regelungen auf politischer Ebene kann man meist ein Ministerium oder, auf europäischer Ebene, die zuständigen Europaabgeordneten als Ziel der Petition setzen. Als Nächstes sucht man sich seine Medien aus. Man überlegt sich also, bei welcher Plattform man seine Petition starten möchte und über welches Medium man die Petition zusätzlich zur Startplattform verbreiten möchte. Hier bieten sich Social-Media-Plattformen an, man kann aber beispielsweise auch die Presse informieren, um eine höhere Reichweite zu bekommen.

Hat man diese Fragen geklärt, kann man sich daran machen, die Petition aufzusetzen. Da man möglichst viele Unterschriften erreichen möchte, muss man das Ganze in eine Form bringen, die andere Menschen anspricht und schnell über das Problem und die Lösung informiert. Je ansprechender und informativer diese kurzen Texte gestaltet sind, desto besser wird man Aufmerksamkeit für sein Anliegen bekommen. Bebilderung hilft natürlich und wird von den meisten Petitionsseiten auch gewünscht und unterstützt. Hat man all dies vorbereitet, kann man auf der Petitionsseite der eigenen Wahl einen Account eröffnen und seine Petition online stellen.

Danach sollte man aber auch den Verlauf, den die eigene Petition nimmt, besonders im Auge behalten und eventuell nachjustieren, weitere Verbreitungswege suchen und das Gespräch in den sozialen Netzwerken am Laufen halten. Eventuell kann man auch selbst öffentlichkeitswirksame Aktionen initiieren, wie Demonstrationen, Flashmobs oder die öffentliche Übergabe der gesammelten Unterschriften an die jeweiligen Entscheidungsträger*innen.

Noch einfacher ist es, eine Petition zu unterzeichnen. Man schließt sich dabei den Forderungen einer größeren Gruppe an und vermittelt den handelnden Instanzen ein Gefühl dafür, welche Menge an Menschen hinter einer gewissen Forderung steht. Man muss nur mitbekommen, dass eine solche Petition gerade läuft. Dazu gibt es verschiedene Möglichkeiten. Am einfachsten sind diese über das Internet zu erreichen. Entweder sieht man selbst in regelmäßigen Abständen auf den Internetpräsenzen der einschlägigen Organisationen nach oder man hinterlässt ihnen eine E-Mail-Adresse, über welche man über derartige Aktionen informiert werden möchte. Die aus unserer Sicht wichtigsten Akteure im Bereich Palmöl sind:

- Inland
  - **Rettet den Regenwald**
    www.regenwald.org/petitionen
  - **Deutsche Umwelthilfe**
    www.duh.de
- International
  - **Rainforest Action Network**
    www.ran.org
  - **SumOfUs**
    www.sumofus.org/de/campaigns

Es gibt auch Organisationen, die Petitionen zu ihrem Konzept erhoben haben und die Teilnahme besonders einfach gestaltet haben. Hier können auch eigenen Petitionen einfach selbst erstellt und online gestellt werden:

- **Avaaz – Die Welt in Aktion**
  https://secure.avaaz.org
- **Change.org**
  www.change.org

Ebenfalls eine Möglichkeit: Petitionen direkt an den Deutschen Bundestag stellen unter

- https://epetitionen.bundestag.de

Der Boykott

Es gab schon viele Boykottaufrufe gegen Palmöl beziehungsweise Unternehmen, die mit den negativen Folgen des Ölpalmanbaus in Verbindung gebracht werden konnten. Natürlich kann man darüber streiten, ob ein Palmölboykott sinnvoll ist oder nicht, gerade angesichts der Verbreitung von Palmöl in Produkten unseres täglichen Gebrauchs. Die in der Vergangenheit oft getätigte Aussage »kein Palmöl ist auch keine Lösung« ist daher wohl erst einmal nicht falsch, denn ein einfaches Umschwenken auf andere Pflanzenöle würde nur noch mehr Fläche verbrauchen, wie wir gesehen haben. Und im Falle eines Ersatzes durch Kokos- oder Sojaöl würden dafür auch wieder Regenwälder fallen. Bei Unternehmen oder einzelnen Produkten, die sich entweder direkt der Umweltzerstörung, -verschmutzung, Ausbeutung oder Menschenrechtsverletzungen schuldig gemacht haben oder die mit solchen Unternehmen zusammenarbeiten, ist der gezielte Boykott aber dennoch ein probates Mittel, um Unternehmen dazu zu bringen, ihre Vorgehensweise zu überdenken.

Und sollte man der Meinung sein, dass die Fortschritte, die in den letzten Jahren erzielt wurden, noch lange nicht weit genug gehen, dann ist auch ein kompletter Boykott von Palmöl gerechtfertigt. Denn das Signal eines Boykotts ist: »Ich entferne euer Produkt so lange aus meinem Leben, bis euer Produkt meinen Vorstellungen und Anforderungen entspricht!« Es wird mitnichten so kommen, dass die Weltwirtschaft auf Palmöl verzichtet und einfach ein anderes Öl nutzt, zumindest solange keine kostengünstigen Alternativen zur Verfügung stehen. Aber den Stand der Dinge einfach hinzunehmen und geduldig darauf zu warten, dass die Industrie sich von selbst in die richtige Richtung bewegt, kann die momentanen Verhältnisse auch zementieren und nötige Änderungen hinauszögern. Es ist sehr zu begrüßen, wenn die Industrie sich selbst in die richtige Richtung aufmacht. Wir als Verbraucher*innen haben aber jedes Recht, den Druck aufrechtzuerhalten, der ja erst dazu geführt hat, dass sich etwas in die richtige Richtung verändert. Und angesichts der teilweise desolaten Lage der Natur und der lokalen Bevölkerung in vielen Anbauregionen von Ölpalmen ist es ebenfalls gerechtfertigt, diesen Druck auch noch weiter zu erhöhen.

Exkurs:
Öl aus dem Aquarium

Heute noch relativ unbekannt, aber bereits vielversprechend ist die Produktion von Ölen durch Mikroalgen. Unter diesen Algen können manche Arten sich so stark vermehren, dass sich ihre Masse mehrmals am Tag verdoppelt.

Manche Algenarten produzieren Öl in solcher Menge, dass sie Pflanzen als Öllieferant in Zukunft ersetzen könnten. Die kostengünstigste Weise, diese Algen zu züchten, sind offene, flache Becken, in die Sonnenstrahlung eindringen kann und in denen die wachsenden Mikroalgen durch Abschöpfen von Wasser und gleichzeitiger Zugabe von frischem Wasser und Nährstoffen geerntet werden können. Dabei werden die Algen in Bewegung gehalten, um eine optimale Vermischung mit den benötigten Nährstoffen zu erreichen. Ist die Konzentration an Öl in den Algen und von Algen im Becken hoch genug, können sie abfiltriert und kann das Öl durch chemische Zersetzung der Algen gewonnen werden. Die Zusammensetzung des Öls wäre dabei innerhalb gewisser Grenzen wohl frei wählbar, da die Algen per Genmanipulation in die Lage versetzt werden würden, so viel Öl zu produzieren. Das produzierte Öl soll bisher aber als Biodiesel eingesetzt werden. Vom Einsatz in Nahrungsmitteln ist bis jetzt keine Rede.

    Natürlich würde ein solcher Anbau von Algen im großen Stil wieder Fläche verbrauchen, sowohl für die Algen selbst als auch für den Anbau der Stoffe, die von der Alge zu Öl umgesetzt werden. Allerdings reicht der zu erwartende Ertrag Studien zufolge von etwas unter dem der Ölpalme bis hin zu dessen 10-Fachem.[56] Es bleibt abzuwarten, ob derart optimistische Schätzungen realisierbar sind, wenn sich diese Prognosen aber tatsächlich bewahrheiten, wäre auch der Flächenverbrauch entsprechend um diesen Faktor geringer. Der Verbrauch von Flächen könnte sich durch den Einsatz sogenannter Photobioreaktoren in der Algenzucht weiter reduzieren. Diese stellen die optimalen Bedingungen für das Wachstum der Algen auf künstlichem Wege und in meist geschlossenen Systemen zur Verfügung. Man kann sie sich im Grunde als ein System aus Röhren oder Platten vorstellen, in denen

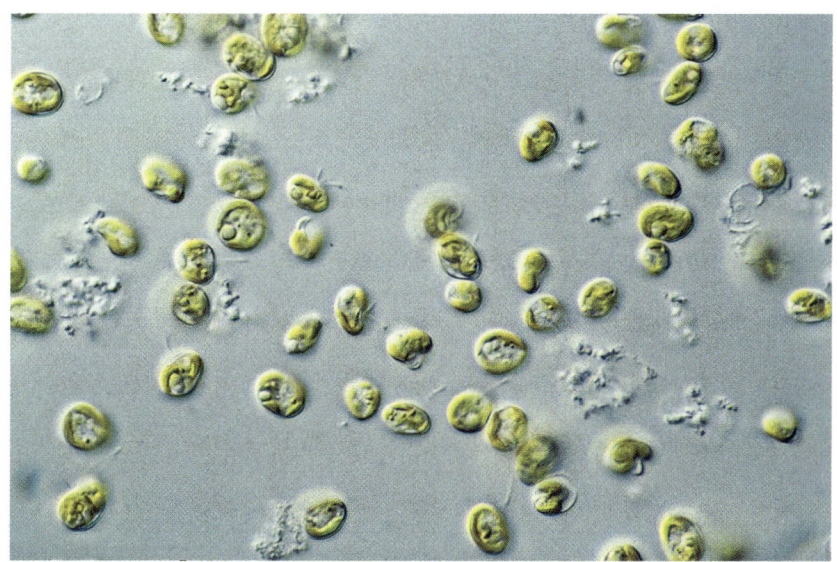

Mikroalgen in der Vergrößerung.

die Mikroalgen in einem Kreislauf fließen. Durch den Abschluss des Systems nach außen wird verhindert, dass andere Mikroorganismen wie Bakterien der gezüchteten Mikroalge schaden. Übernehmen andere Mikroorganismen nämlich beispielsweise offene Wasserbecken, kann es im Extremfall zu Ernteausfällen kommen, da die gezüchtete Alge verdrängt wird.

Sollten Photobioreaktoren in Zukunft einen höheren Wirksamkeitsgrad erzielen, würde die benötigte Fläche also noch stärker reduziert. Da sie gleichzeitig unabhängig von direkter Sonneneinstrahlung sind, würde der Anbau praktisch überall möglich und könnte ohne Probleme selbst unter die Erde verlegt oder in die Höhe gebaut werden. Ihr größter Vorteil ist allerdings gleichzeitig ihr größter Nachteil: Da in solchen Reaktoren alle Bedingungen, die für den möglichst effektiven Anbau der Mikroalgenkulturen benötigt werden, künstlich geschaffen werden, ist die Produktion der Algen an sich bereits sehr energieaufwendig. Die Zukunft wird zeigen, ob sich diese Form der Gewinnung natürlicher Öle durchsetzen kann.

Es gibt aber auch noch weitere Organismen, die als eine mögliche Alternative zur Ölpalme gehandelt werden. Dabei handelt es sich um Hefen, die unter bestimmten Bedingungen Nährsubstrate in Öl umwandeln. Unter die-

Exkurs: Öl aus dem Aquarium

sen ist vor allem *Metschnikowia pulcherrima* in den letzten Jahren für die Wissenschaft interessant geworden. Es handelt sich dabei um eine häufig auf der Haut von Trauben und anderen Früchten zu findende und weltweit vorkommende Hefe, die in Versuchen bis zu 47 % ihrer eigenen Masse an Öl produzieren konnte. Das resultierende Öl besitzt zumindest ähnliche Eigenschaften wie Palmöl, variiert aber in Zusammensetzung und Ertrag, je nachdem, welcher Rohstoff als Nahrung für die Hefe dient. So scheinen Glycerin und Glucose (Traubenzucker) als Nahrung für die Hefen den höchsten Ertrag zu liefern, was wiederum die Frage nach den Ausgangsstoffen und deren Beschaffung aufwirft. Denn der Ertrag, den die Hefe in Versuchen aus Abfallstoffen wie Stroh generieren konnte, ist erheblich geringer als bei den optimalen Nahrungssubstraten.[57]

EIN BLICK IN DIE ZUKUNFT

Wenn wir in die Zukunft blicken, lassen sich verschiedene Szenarien dafür entwickeln, wohin sich die Produktion und der Handel von Palmöl entwickeln werden. Zwei mögliche Entwicklungsrichtungen wollen wir hier etwas genauer beleuchten.

Einfach weiter so?

Eine Möglichkeit ist die, dass Vernunft und kluge Lösungen sich nicht wirklich durchsetzen werden, während gleichzeitig der Hunger nach Palmöl steigt. In wirtschaftlichen Zusammenhängen bezeichnet man dieses Szenario, bei dem die momentane Herangehensweise (oft gegen besseres Wissen) weitergeführt wird, als »BAU-Szenario«, wobei BAU für *Business As Usual* steht, also ein »Weiter wie bisher«. Bei dieser Entwicklung liefern hauptsächlich (vielleicht sogar ausschließlich) kurzfristige ökonomische Gewinne die Grundlage für Entscheidungen. Ökologische und soziale Belange werden, ebenso wie die langfristige ökonomische Entwicklung aller anderen Wirtschaftsakteure, kaum in Entscheidungen einbezogen.

Treiber dieser Entwicklung sind die Interessen von Einzelpersonen und einzelnen Firmen. Das Allgemeinwohl oder der Schutz von Biodiversität und Ökosystemleistungen spielen hier keine Rolle, weil der rasche ökonomische Gewinn dazu führt, dass die Profiteure sich den zunehmenden Problemen, die mit der nicht nachhaltigen Produktion von Palmöl verbunden sind, nicht stellen müssen, sondern sich anderswo ein angenehmes Leben verwirklichen können. Nachhaltigkeit, die langfristige Sicherung der Lebensgrundlage von Menschen und gesellschaftlicher Frieden finden damit keine Berücksichtigung.

Bezogen auf Palmöl bedeutet ein BAU-Szenario, dass die Produktionszahlen sich kontinuierlich weiterentwickeln (einige Prognosen für die Zunahme der Anbaufläche haben wir im Kapitel »Der Effekt auf die Biodiversität« dargestellt). Verschiedene Entwicklungen sprechen für so eine Zunahme des Handels mit Palmöl. So sehen wir in den vergangenen zwei Jahrzehnten eine Entwicklung hin zur einer »globalisierten Ernährung«: Während Menschen weltweit traditionell unverarbeitete, lokale Lebensmittel zu sich nahmen, sehen wir immer mehr einen Trend hin zu verarbeiteten und weltweit zunehmend ähnlicheren Nahrungsmitteln. In diesen Lebensmitteln haben preisgünstige Fette und Zucker einen festen Platz. Wenn immer mehr Menschen immer mehr dieser Nahrungsmittel konsumieren, wird Palmöl von der Lebensmittelindustrie in Zukunft sogar noch stärker nachfragt. Weil diese Lebensmittel in erster Linie günstig sein müssen, werden Nachhaltigkeitsaspekte bei dieser Entwicklung – wenn überhaupt – nur eine untergeordnete Rolle spielen.

Auch die zunehmende Lebensmittelverschwendung trägt zu diesem Trend bei: Alleine in der Europäischen Union werden jährlich etwa 88 Millionen Tonnen mit einem Wert von circa 143 Milliarden Euro weggeschmissen.[1] Mit diesen Lebensmitteln wird auch Palmöl entsorgt, das zunächst mit allen beschriebenen ökologischen und sozialen Auswirkungen produziert wurde!

Palmöl ist zudem ein Treibstoff, der als Beimischung zu Kraftstoffen in Form von »Biodiesel« auch in Zukunft eine Rolle spielen wird. Eine denkbare Entwicklung von Palmöl als Treibstoff in der EU haben wir im Kapitel »Im Tank« dargestellt. Außerhalb der EU ist die Prognose noch schwieriger. Wir müssen aber davon ausgehen, dass die Nachfrage von Palmöl als Treibstoff weltweit weiter steigen wird, weil fossile Energieträger immer schwerer verfügbar sind.

Was bedeutet so ein BAU-Szenario aber für Mensch und Umwelt? Betrachten wir die in diesem Buch beschriebenen negativen Auswirkungen auf Biodiversität, Ökosystemleistungen und Menschen, dann heißt ein »Weiter so«, dass die beschriebenen Auswirkungen zunehmend globale Effekte entwickeln. Artenverlust, Verlust von Ökosystemleistungen und soziale Ungleichheit werden sich in den Anbauregionen verstärken. Dies kann soziale Unruhen bis hin zu gewalttätigen Auseinandersetzungen zur Folge haben, zu deren Begleiterscheinungen auch Flucht und Migration gehören. Weltweit wird ein »Weiter so« beim Ölpalmanbau den Klimawandel befördern – mit allen negativen Effekten, die Wissenschaftler hier voraussehen können.

Vielleicht kommt aber auch alles ganz anders

Es ist aber auch denkbar, das sich wirklich etwas ändert in Zukunft, dass die Verbraucher*innen ein Zeichen setzen, Gesetze strenger werden und Unternehmen verantwortungsvoller handeln. In so einem positiven Zukunftsszenario würden ökologische und soziale Zusammenhänge, Innovationen und der Fokus auf eine langfristige, positive Entwicklung berücksichtigt – nicht nur von Unternehmen, sondern durch ganze Volkswirtschaften. Ein solches Szenario können wir »Wenn wir etwas ändern« nennen.

Erste Anzeichen gibt es dafür, dass sich Vernunft und nachhaltiges Wirtschaften vielleicht doch durchsetzen könnten. So machen, wie im Kapitel zu den Siegeln beschrieben, Investoren gegen den RSPO mobil, weil nicht nachhaltige Produktion von Gütern und massive Umweltzerstörungen für ethisch handelnde Pensionsfonds und zumindest einzelne Geldgeber keine akzeptable Form der Geldanlage mehr sind.

Eine grundsätzliche Veränderung könnte auch von anderer Seite kommen. So befördern unter anderem die Vereinten Nationen einen Umbau unseres momentanen Wirtschaftssystems zu einer *Green Economy*, also einer Wirtschaftsweise, die klimaschonend, ressourceneffizient und sozial gerecht ist. Würden dann noch die sozialen Kosten und Umweltkosten, die ein Produkt »in sich trägt«, auf dessen Verkaufspreis aufgeschlagen, also internalisiert, wären nicht nachhaltig produzierte Produkte so teuer, dass sie nicht mehr konkurrenzfähig wären. Wenn solche Initiativen an Fahrt aufnehmen, werden Wirtschaftsweisen wie die zerstörerische Produktion von Palmöl keine Zukunft haben. Ganz grundsätzlich stellt sich im Zusammenhang mit der weiteren Entwicklung unserer Weltwirtschaft ohnehin die Frage, ob das Paradigma eines permanenten Wachstums, das immer mehr Rohstoffe wie Palmöl benötigt, nicht einer anderen Wirtschaftsweise weichen muss – vor allem auch deshalb, weil unendliches Wachstum in einem endlichen System, wie es unsere Erde darstellt, unmöglich ist.

Auch technische Lösungen und Innovationen können einen Beitrag leisten zu einer Welt, die mit viel weniger Palmöl auskommen kann. Dazu gehört die Entwicklung von Antriebs- und Mobilitätsformen, die auf die Verwendung von Palmöl verzichten oder dessen Verwendung zumindest stark senken. Solche Innovationen und Lösungen reichen von solarstrombetriebenen Fahrzeugen über indirekte Effekt eines besseren Angebots von Mitfahrgelegenheiten bis zur Senkung individueller Mobilitätsbedürfnisse, etwa durch die Zunahme von Homeoffice-Arbeitsplätzen.

Aber nicht nur an unserem Konsum und unserer Nutzung von Palmöl ändert sich in einem positiven Zukunftsszenario etwas, sondern auch an unseren (wirtschaftlichen) Beziehungen zu den Menschen in den Produktionsländern. Würde unsere Ablehnung von Palmölprodukten zu einem Kollaps des Palmölweltmarktes führen, hätte das dramatische Auswirkungen: Von heute auf morgen wäre mit der Produktion von Palmöl kein Geld mehr zu verdienen, was starke negative Effekte auf die Wirtschaftsentwicklung in den Produktionsländern sowie auf die Kleinbauern und Arbeiter hätte. In der Folge würden die auf den ersten Blick zu erwartenden positiven ökologischen Effekte womöglich rasch verpuffen, weil das Interesse, Regenwald stehen zu lassen, nicht automatisch dadurch stiege, dass die alternative Flächennutzung durch Ölpalmanbau nicht mehr bestünde. Damit weniger Ölpalmanbau nicht zu sozialen Verwerfungen und der Zerstörung von Regenwäldern für andere Agrarrohstoffe führt, muss ein positives Zukunftsszenario auch erstrebenswerte Alternativen für die Menschen in den Produktionsländern enthalten.

Am effektivsten wäre es, den Erhalt von Regenwäldern für Tropenwaldländer zu einer ökonomischen Alternative zu machen. Dafür müssten wir, die wir auch auf die Ökosystemleistungen von Regenwäldern – sei es in Bezug auf die Stabilisierung des Weltklimas und globaler Wasserkreisläufe oder anderer Leistungen – angewiesen sind, bereit sein, für den Erhalt dieser Ökosysteme zu zahlen. Selbst wenn es keine allgemein akzeptierten Zahlen für den monetären Wert von Regenwäldern und ihre Ökosystemleistungen gibt, ist es unumstritten, dass diese Werte gigantisch sind. Unabhängig vom berechneten monetären Wert wäre mit der Finanzierung »stehender Regenwälder« Zahlenden und Zahlungsempfängern gleichermaßen geholfen: Wir bekämen zu vergleichsweise moderaten Preisen weiterhin die für uns nötigen Ökosystemleistungen, während Tropenwaldländer für die Bereitstellung dieser wichtigen Leistungen bezahlt würden und nicht mehr für Tropenholz oder Produktionsweisen, die Regenwälder zerstören.

Sollte ein solcher Ansatz nicht realisiert werden, können wir den Druck auf Regenwälder nur minimieren, wenn wir weniger intensive, Biodiversität schonende Anbaumethoden von hochpreisigen Gütern, die dann einen leichten Zugang zu unseren Märkten erhalten, unterstützen. So können Gewürze und andere hochpreisige Lebensmittel in gemischten Agroforstsystemen produziert werden, die die Zerstörung von Waldökosystemen ausschließen. Diese hochwertigen Güter erreichen auf wesentlich kleineren Flächen finanzielle Erträge, die über denen von Ölpalmplantagen liegen.

Anhang

ABC der wichtigsten Begriffe

Biodiversität	... oder »biologische Vielfalt« bezeichnet die genetische Vielfalt innerhalb der einzelnen Tier- und Pflanzenarten, die Vielfalt der Arten, die Ökosystemvielfalt und die Vielfalt der Wechselbeziehungen aller untereinander.
Book and Claim (BC)	*buchen und geltend machen.* Eine Lieferkettenoption für zertifiziertes Palmöl des RSPO. Dabei wird zertifiziertes Palmöl produziert, aber danach in die normalen Lieferketten für nicht zertifiziertes Palmöl eingespeist. Im Endprodukt befindet sich also kaum zertifiziertes Palmöl, wenn überhaupt. Das Unternehmen und Käufer*innen der Produkte unterstützen aber durch einen Geldbetrag die Herstellung von RSPO-zertifiziertem Palmöl. Das Label für diese Lieferkettenoption ist »RSPO-CREDITS« (früher: »Green Palm«).
Degradierter Wald	... ist ein Wald, der an Artenreichtum oder Artenanzahl eingebüßt hat. Er hat also beispielsweise eine geringere Dichte an Bäumen, Pflanzen, Tieren oder weniger verschiedene Baum-, Pflanzen- oder Tierarten. Die Unterscheidung zwischen einem intakten Wald und einem degradierten Wald ist allerdings oft schwierig.
Derivate	Als Derivate werden von einem Grundstoff abgeleitete Stoffe bezeichnet. Diese sind chemisch abgeändert und haben zumeist andere physikalische und chemische Eigenschaften als der Ausgangsstoff.
Destruenten	... sind Lebewesen, die sich von abgestorbenen pflanzlichen oder tierischen Materialien ernähren. Dazu zählen zum Beispiel Regenwürmer, aber auch viele kleinere Organismen wie Springschwänze und Mikroorganismen wie Bakterien.

EG-Öko-Verordnung	… legt fest, welchen Kriterien Produkte entsprechen müssen, welche die Begriffe »Bio«, »Öko« oder »aus kontrolliert biologischem Anbau« tragen. Für nach diesen Kriterien zertifizierte Produkte kann das Bio-Siegel der Europäischen Union und zusätzlich das deutsche staatliche Biosiegel verwendet werden.
Elaeis guineensis	Afrikanische Ölpalme, die hauptsächlich angebaute Form der Ölpalme.
Elaeis odora	Wirtschaftlich unbedeutende und nicht kultivierte Form der Ölpalme, auch *Barcella odora*.
Elaeis oleifera	Amerikanische Ölpalme, hauptsächlich noch in Südamerika angebaut, aber von geringer wirtschaftlicher Bedeutung.
Endemisch	… sind Tier- oder Pflanzenarten dann, wenn sie nur in einem bestimmten, räumlich abgegrenzten Gebiet vorkommen.
Environmental Impact Assessment (EIA)	… oder »Umweltverträglichkeitsprüfung« ist ein Gutachten über die kurz- und langfristigen Folgen eines geplanten Vorhabens auf die umgebende Umwelt.
Fair Trade	Handel, der auch aus Produzentensicht zu fairen und angemessenen Preisen vollzogen wird, zumeist zwischen westlichen Industrienationen und Entwicklungs- oder Schwellenländern.
Fraktionen	Als Fraktionen bezeichnet man im Hinblick auf Palmöl die durch fraktionierende Kristallisation gewonnenen Bestandteile von Palmöl und Palmkernöl. Dabei macht man sich die verschiedenen Gefrierpunkte der Bestandteile zunutze. Vereinfacht gesagt wird die Temperatur so weit verringert, dass ein Bestandteil gefriert, während der andere flüssig bleibt. So lassen sich die Bestandteile auftrennen. Für höhere Reinheitsgrade wird der Prozess wiederholt.
Free Prior and Informed Consent (FPIC)	Die »freie, vorherige und sachkundige Zustimmung« bedeutet, dass Einzelpersonen oder lokale Gemeinschaften, die von einem geplanten Vorhaben betroffen sind, ausreichend über das Vorhaben informiert sein und aus freiem Willen zustimmen müssen, bevor das Vorhaben umgesetzt werden kann.

Gentechnisch veränderte Organismen (GVO)	Organismen, deren Erbanlagen durch gentechnische Methoden verändert wurden. Damit unterscheidet sich diese Vorgehensweise fundamental von herkömmlichen Züchtungsmethoden und auch von herkömmlichen Quellen genetischer Variabilität innerhalb von Arten, wie Mutation und Rekombination.
Global Trade Item Number (GTIN)	… ist eine weltweit gültige Identifikationsnummer für Produkte. Sie kann 8-, 12-, 13- oder 14-stellig sein. Sie ist gleichbedeutend mit der früher sogenannten European Article Number (EAN).
Green Palm	siehe *Book and Claim*.
Greenwashing	Vorspiegelung von Umweltfreundlichkeit, Nachhaltigkeit oder Verantwortungsbewusstsein, ausschließlich zu Marketingzwecken und ohne tatsächliche substanzielle Grundlage.
Habitat	Als Habitat bezeichnet man den Lebensraum einer Tier- oder Pflanzenart, manchmal auch den einer Artengemeinschaft.
Hektar	Flächenmaß: 1 Hektar = 10.000 Quadratmeter.
High Carbon Stock (HCS)	… ein nach der Vorgehensweise des High Carbon Stock Approach definierter Wald (oder anderer Landschaftstyp) mit »hohem Kohlenstoffbestand«. Dieser kann oberirdisch der natürlichen Vegetation oder unterirdisch im Boden, inklusive toter Biomasse, Bodenbewohnern und Wurzelwerk vorliegen.
High Conservation Value Areas (HCVA)	… sind Gebiete, die einen »hohen Erhaltungswert« aufweisen. Dieser kann beispielsweise in besonders hoher biologischer Vielfalt, nur dort vorkommenden oder bedrohten Arten begründet liegen. Auch Gebiete, die Grundlage für wichtige *Ökosystemleistungen* wie sauberes Wasser sind, die Versorgung lokaler Gemeinschaften sicherstellen oder eine kulturelle oder religiöse Bedeutung haben, zählen dazu.
Identity Preserved (IP)	*identitätsgesichert*. Eine Lieferkettenoption für zertifiziertes Palmöl des RSPO, das RSPO-zertifiziertes Palmöl aus nur einer Quelle bezeichnet, zu der es auch zurückverfolgt werden kann.

Indigene Völker	… sind Bevölkerungsgruppen oder deren Nachkommen, die vor Kolonialisierung, Eroberung oder Gründung eines Staates durch andere Völker bereits in einem Gebiet lebten, sich bis heute als eigenständiges Volk begreifen und gewisse kulturelle Traditionen oder eigene soziale, wirtschaftliche oder politische Institutionen beibehalten haben.
Integrated Pest Management (IPM)	… ist eine nachhaltigere Methode der Schädlingsbekämpfung, bei der hauptsächlich auf physikalische oder biologische Maßnahmen gesetzt wird, statt auf chemische Bekämpfungsmittel. Die Anwendung von chemischen Mitteln gilt hier als die letzte Option, wenn absolut keine weiteren Maßnahmen mehr zur Verfügung stehen.
Inti	… ist der Kern eines Plantagenkomplexes, wie er in Indonesien genannt wird. Beinhaltet oft die wichtigsten Infrastrukturen wie Ölmühle, Maschinen- und Verbrauchsmittellager sowie einige Plantagen. Das Management des Inti liegt beim Plantagenunternehmen. Darum herum liegende Plantagen nennt man *Plasma*.
Mass Balance (MB)	*Massenbilanz.* Eine Lieferkettenoption für zertifiziertes Palmöl des RSPO. Hier wird zertifiziertes Palmöl mit nicht zertifiziertem Palmöl gemischt. Erkennbar an dem RSPO-Label mit der Bezeichnung »MIXED«.
Ökosystem	… bezeichnet das dynamische Beziehungsgefüge aus Pflanzen, Tieren und Mikroorganismen untereinander und mit ihrer nicht lebenden Umwelt.
Ökosystemdienstleistung	… sind Leistungen, die durch ein Ökosystem erbracht werden. Darunter fallen beispielsweise Bestäubung, sauberes Wasser und Luft, Bereitstellung von Baumaterial, aber auch Erholung und Ästhetik.
PalmTrace	… ist die Onlinehandelsplattform des RSPO für die Lieferkettenoption »Book and Claim«. Hier können interessierte Unternehmen sogenannte CREDITS von zertifizierten Produzenten kaufen, die ihr zertifiziertes Palmöl in die normalen Lieferketten für nicht zertifiziertes Palmöl weiterverkaufen.

Paraquat	... ist ein Herbizid, also ein Unkrautvernichter. Eingeführt in den frühen 1960er-Jahren, wurde es seitdem vor allem in Entwicklungs- und Schwellenländern, aber beispielsweise auch in den USA genutzt. Hohe Konzentrationen sind für Menschen und andere Säugetiere hochgiftig. Seit 2007 ist das Mittel in der EU verboten. Es ist nicht in der *Rotterdam Convention* gelistet, aber für die Aufnahme empfohlen.
Pestizide	... sind Substanzen, die (mehr oder weniger selektiv) als schädlich angesehene tierische Organismen abtöten. Zumeist richtet sich ihre Wirkung gegen Insekten oder Nagetiere.
Fotosynthese	Fotosynthese bezeichnet den Prozess der Umwandlung von Lichtenergie zu chemischer Energie unter Verwendung lichtabsorbierender Farbstoffe (etwa Chlorophyll) und die Nutzung dieser Energie, um aus energiearmen anorganischen Stoffen (Wasser und CO_2) energiereiche organische Verbindungen (wie Kohlenhydrate) aufzubauen.
Plasma	Die ein *Inti* umgebenden Plantagen. Wird entweder durch vom *Inti* abhängige Kleinbauern oder durch das Plantagenunternehmen gemanagt.
Primärwald	... ist ein (zumindest innerhalb eines langen Zeitraumes) von menschlichen Einflüssen unberührter Wald. Siehe *Sekundärwald*.
Rotterdam Convention	... ist ein völkerrechtlicher Vertrag, der mehr Kontrolle im internationalen Handel mit bestimmten chemischen Substanzen und *Pestiziden* ermöglichen soll. Dabei müssen Länder, in die hier gelistete Substanzen importiert werden sollen, zuvor vom jeweiligen Exportland darüber informiert werden. Auch vereinheitlicht die Konvention die Kennzeichnung der Substanzen mit Gefahrenhinweisen und Nutzungsanweisungen.
Segregated (SE)	*getrennt*. Eine Lieferkettenoption für zertifiziertes Palmöl des RSPO. Dabei wird RSPO-zertifiziertes Palmöl aus verschiedenen Quellen kombiniert. Das Endprodukt enthält nur zertifiziertes Palmöl, ist aber nicht zu einer bestimmten Quelle zurückverfolgbar.

Sekundärwald	... ist ein Wald, der nachwächst, nachdem ein *Primärwald* durch menschlichen Einfluss stark verändert oder zerstört wurde. Dies gilt auch für das gezielte, also nicht flächendeckende Fällen von Bäumen.
Social and Environmental Impact Assessment (SEIA)	Eine »Sozial- und Umweltfolgenabschätzung« vereint ein *Social Impact Assessment (SIA)* und ein *Environmental Impact Assessment (EIA)* miteinander.
Social Impact Assessment (SIA)	... oder »Sozialverträglichkeitsprüfung« ist ein Gutachten über die kurz- und langfristigen Folgen auf die Lebensqualität und das soziale Gefüge der betroffenen Personen oder Gemeinschaften. Dazu zählen sowohl Landrechte, Einkommen, Nahrungsmittelsicherheit und Gesundheit als auch Einflüsse kultureller oder religiöser Belange.
Standard	Als Standard werden im Zusammenhang mit der Zertifizierung von Produkten die jeweiligen Zertifizierungssysteme bezeichnet. Der Standard bezeichnet dabei die Art, ein Produkt zu bewerten, also die Prinzipien und Kriterien, nach denen zertifiziert wird. Wird der Standard nicht erfüllt, so erfolgt auch keine Zertifizierung – oder nur eine Zertifizierung unter Vorbehalt.
Tarifautonomie	... bezeichnet das Recht der Arbeitnehmer- und Arbeitgeberseite oder deren Verbände, Vereinbarungen (insbesondere Tarifverträge über das Arbeitsentgelt) auszuhandeln oder zu kündigen – frei von staatlicher Einflussnahme.
Tenside	... wirken dadurch, dass sie die Grenzflächenspannung zwischen zwei Substanzen herabsetzen. Dadurch lassen sich beispielsweise Wasser und Öl miteinander vermischen. Im engeren Sinne versteht man darunter auch die waschaktiven Substanzen (Detergenzien) in Waschmitteln. Auch Seifen sind Tenside.

Quellenverzeichnis der Grafiken

S. 11	Daten: Tickell, J., & Tickel, K. (1999): From the fryer to the fuel tank. The complete guide to using vegetable oil as an alternative fuel. 2. Aufl., Tickell Energy Consulting. Mais: storyblocks/Denis Dryashkin. Soja: storyblocks/panthermedia. Sonnenblume: storyblocks/claudiodivizia. Raps: storyblocks/AmyLv. Kokos: storyblocks/artjazz. Ölpalme: 123rf/nui7711.
S. 12	Daten: DWD (2013): Deutscher Wetterdienst. Niederschlag: langjährige Mittelwerte 1981–2010. DWD (2009): Deutscher Wetterdienst, Pressemitteilung 21.12.2009. DWD (2013): Deutscher Wetterdienst. Sonnenscheindauer: langjährige Mittelwerte 1981–2010. Hartley, C. W. S. (1988): The oil palm, 3. Aufl., Longman Scientific & Technical. Goh, K. J. (2000): Climatic requirements of the oil palm for high yields. Managing oil palm for high yields: agronomic principles, S. 1–17. Bild: storyblocks/nelzajamal.
S. 14 + 16/17	Daten: FAOSTAT (2013). Database of the Food and Agriculture Organization of the United Nations. URL: http://www.fao.org/faostat/en/#data/QC (abgerufen: 24.08.2018)
S. 30	Daten: Lockyer, C. (1991): Body composition of the sperm whale, Physeter catodon, with special reference to the possible functions of fat depots. Marine Research Institute. Achara, N. (2012): Biofuel from algae. The Journal of American Science, 8(1), S. 240–244. Vlieg, P., & Body, D. R. (1988): Lipid contents and fatty acid composition of some New Zealand freshwater finfish and marine finfish, shellfish, and roes. New Zealand Journal of Marine and Freshwater Research, 22(2), S. 151–162. Mitchell, A. D., & Scholz, A. M., & Wange, P. C., & Song, H. (2001): Body composition analysis of the pig by magnetic resonance imaging. Journal of animal science, 79(7), S. 1800–1813. Blakely, D. (2005): Cull Cow Body and Carcass Composition. Fact Sheet, Beef Quality Assurance Program, Ontario Ministry of Agriculture, Food and Rural Affairs. Hilditch, T. P., & Pedelty, W. H. (1941): Sheep body fats. Component acids of fats from animals fed on high and low planes of nutrition. Biochemical Journal, 35(8–9), S. 932. Mitchell, A. D., & Rosebrough, R. W., & Conway, J. M. (1997): Body composition analysis of chickens by dual energy x-ray absorptiometry. Poultry science, 76(12), S. 1746–1752.
S. 32	Daten: ICCT (2010): Carbon Intensity of Crude Oil in Europe, Executive Summary. The International Council on Clean Transportation and Energy Redefined LLC. Bilder: Bagger: storyblocks/jordanrusev. Ölplattform: storyblocks. Festlandbohrung: wikimedia/Guadalupe Mountains National Park Service.
S. 34	Daten: Tickell, J., & Tickel, K. (1999): From the fryer to the fuel tank. The complete guide to using vegetable oil as an alternative fuel. 2. Aufl., Tickell Energy Consulting. Hall, C. A., & Benemann, J. R. (2011): Oil from algae? BioScience, 61(10), S. 741–742. Achara, N. (2012): Biofuel from algae. J Am Sci, 8(1), S. 240–244.
S. 35	Daten: Fargione, J., & Hill, J., & Tilman, D., & Polasky, S., & Hawthorne, P. (2008): Land clearing and the biofuel carbon debt. Science, 319(5867), S. 1235–1238.
S. 42	Daten: FAOSTAT (2016): Database of the Food and Agriculture Organization of the United Nations. URL: http://www.fao.org/faostat/en/#data/QC (abgerufen: 24.08.2018)
S. 77	Daten: The World Bank (2018): World Bank Commodity Price Data (The Pink Sheet). Commodity Markets – Development Prospects Group, The World Bank.
S. 93	Daten: Transport & Environment (2016): Globiom. the basis for biofuel policy post-2020.

Bildquellenverzeichnis

S. 18	storyblocks/nelzajamal
S. 21	Mahsberg
S. 22	iStock/slpu9945
S. 24	Nierula
S. 26	Nierula
S. 31	iStock/dan_prat
S. 40	Hayden
S. 44	Adobe Stock/Lukas. Die Daten in der Bildunterschrift stammen aus Voigt, M. et al. (2018): Global demand for natural resources eliminated more than 100,000 Bornean orangutans. Current Biology, 28(5), S. 761–769.
S. 47	NASA
S. 51	Mahsberg
S. 55	Mahsberg
S. 58	Adobe Stock/ThKatz
S. 59	iStock/Vaara
S. 61	iStock/aroundtheworld.photography
S. 65	Shutterstock/Infinitum Produx
S. 76	iStock/Magone
S. 79	iStock/PeopleImages
S. 83	iStock/AlexPro9500
S. 91	iStock/MajaMitrovic
S. 94	Shutterstock/Romas_Photo
S. 106	iStock/joakimbkk
S. 111	iStock/FangXiaNuo
S. 116	Shutterstock/Gustavo Frazao
S. 121	Wikimedia/Commons, CEphoto, Uwe Aranas
S. 123	iStock/migin
S. 126	Shutterstock/The Art of Pics
S. 133	Shutterstock/KYTan
S. 141	iStock/PeopleImages
S. 146	CSIRO

Anmerkungen

Kapitel 1

1. Crone, G. R. (1937): The voyages of Cadamosto and other documents on Western Africa in the second half of the fifteenth century. Hakluyt Society. 44.
2. Zeven, A. C. (1964): On the origin of the oil palm (Elaeis guineensis Jacq.). Grana Palynologica, 5:1. 121–123.
3. Corley, R. H. V., & Tinker, P. B. (2003). The oil palm. Blackwell Science Ltd.
4. Hartley, C. W. S. (1988): The oil palm: Third edition, Longman Scientific & Technical.
5. Rehm, S., & Espig, G. (1996): Die Kulturpflanzen der Tropen und Subtropen. Anbau, wirtschaftliche Bedeutung, Verwertung. Ulmer. 83–84.
6. Jourdan, C., & Rey, H. (1997): Architecture and development of the oil-palm (Elaeis guineensis Jacq.) root system. Plant and Soil, 189(1). 33–48.
7. Zahari, Z., Barlow, C., Gondowarsito, R. (2005): Oil Palm in Indonesian socio-economic improvement: a review of options. Made available in DSpace on January 05, 2011.
8. Tarmizi, A. M., & Mohd Tayeb, D. (2006): Nutrient demands of Tenera oil palm planted on inland soils of Malaysia. Journal of Oil Palm Research, 18, 204–209.
9. Bender, R. R., et al. (2013). Nutrient uptake, partitioning, and remobilization in modern, transgenic insect-protected maize hybrids. Agronomy Journal, 105(1), 161–170.
10. Bender, R. R., Haegele, J. W., & Below, F. E. (2015). Nutrient uptake, partitioning, and remobilization in modern soybean varieties. Agronomy Journal, 107(2), 563–573.
11. Heffer, P. (2013): Assessment of Fertilizer Use by Crop at the Global Level 2010–2010/11, (AgCom/13/39, August 2013), International Fertilizer Industry Association (IFA), Paris, France.
12. FAOSTAT (2011). Database of the Food and Agriculture Organization of the United Nations. URL: http://www.fao.org/faostat/en/#data/QC (abgerufen: 20.11.2018).
13. Golden-Agri Resources, PT SMART Tbk (2017): New, high-yielding planting material from PT SMART Tbk to increase crude palm oil yields to the highest levels in the industry. Joint press statement. PT SMART Tbk. Jakarta, 22 May 2017.
14. Hartley, C. W. S. (1988): The oil palm: Third edition, Longman Scientific & Technical; Corley R. H. V., & Tinker, P. B. (2003): The Oil Palm: 4th Edition. Oxford: Blackwell Publishing.
15. DWD (2013): Deutscher Wetterdienst. Niederschlag: langjährige Mittelwerte 1981–2010.
16. DWD (2009): Deutscher Wetterdienst, Pressemitteilung 21.12.2009.
17. DWD (2012): Deutscher Wetterdienst. Globalstrahlung in der Bundesrepublik Deutschland – Mittlere Jahressummen, Zeitraum: 1981–2010; DWD (2013): Deutscher Wetterdienst. Sonnenscheindauer: langjährige Mittelwerte 1981–2010.
18. Butler, R. A., & Laurance, W. F. (2009): Is oil palm the next emerging threat to the Amazon?. Tropical Conservation Science, 2(1), 1–10.
19. Stickler, C., Coe, M., Nepstad, D., Fiske, G., & Lefebvre, P. (2007): Ready for REDD? A preliminary assessment of global forested land suitability for agriculture. Woods Hole Research Center, Massachusetts.

20 Hartley, C. W. S. (1988): The oil palm: Third edition, Longman Scientific & Technical.
21 Mutert, E., Fairhurst, T. H., & von Uexküll, H. R. (1999): Agronomic management of oil palms on deep peat. Better Crops International, 13(1), 22–27.
22 Corley R. H. V., & Tinker, P. B. (2003): The Oil Palm: 4th Edition. Oxford: Blackwell Publishing.
23 Food and Agriculture Organization of the United Nation [FAO] (2002): Small-Scale Palm Oil Processing in Africa. Webpräsenz der FAO. URL: http://www.fao.org/DOCrEP/005/Y4355E/y4355e00.htm#Contents (abgerufen: 18.07.2018).
24 Rupani, P. F., et al. (2010): Review of current palm oil mill effluent (POME) treatment methods:, vermicomposting as a sustainable practice. World Applied Sciences Journal, 11(1), 70–81.
25 Singh, R. P., et al. (2010): Composting of waste from palm oil mill: a sustainable waste management practice. Reviews in Environmental Science and Bio/Technology, 9(4), 331–344.
26 Yacob, S., et al. (2005): Baseline study of methane emission from open digesting tanks of palm oil mill effluent treatment. Chemosphere, 59(11). 1575–1581.
27 Alimon, A. R. (2004): The nutritive value of palm kernel cake for animal feed. Palm Oil Dev, 40(1), 12–14.
28 Shindell, D. T., et al. (2009): Improved attribution of climate forcing to emissions. Science, 326(5953), 716–718.
29 McGinn, S. M., et al. (2004): Methane emissions from beef cattle: Effects of monensin, sunflower oil, enzymes, yeast, and fumaric acid. Journal of animal science, 82(11), 3346–3356.
30 Blakely, D. (2005): Cull Cow Body and Carcass Composition. Fact Sheet, Beef Quality Assurance Program, Ontario Ministry of Agriculture, Food and Rural Affairs.
31 Food and Agricultural Organisation of the United Nations (FAO) (2010): Global Forest Resources Assessment 2010; Macedo, M. N., et al. (2012): Decoupling of deforestation and soy production in the southern Amazon during the late 2000s. Proceedings of the National Academy of Sciences, 109(4), 1341–1346.
32 Handelsblatt (2018): Kosten durch Ölkatastrophe klettern für BP auf 65 Milliarden Dollar. Veröffentlicht: 16.01.2018. Webpräsenz des Handelsblatts. URL: https://www.handelsblatt.com/unternehmen/energie/bohrinsel-deepwater-horizon-kosten-durch-oelkatastrophe-klettern-fuer-bp-auf-65-milliarden-dollar/20852434.html?ticket=ST-4969729-qXBRCHzKzvPGQg1jIIy6-ap3 (abgerufen: 28.08.2018).
33 Ramos, M. J., et al. (2009): Influence of fatty acid composition of raw materials on biodiesel properties. Bioresource Technology, 100(1). 261–268.

Kapitel 2

1 IUCN (2018): Numbers of threatened species by major groups of organisms (1996–2018). IUCN Red List version 2018-1: Table 1.
2 Fisher, B., et al. (2011): The high costs of conserving Southeast Asia's lowland rainforests. Frontiers in Ecology and the Environment.
3 Wakker, E. (2005): Greasy palms. The social and ecological impacts of large-scale oil palm plantation development in Southeast Asia. Friends of the Earth.
4 Fitzherbert, E. B., et al. (2008): How will oil palm expansion affect biodiversity? doi:10.1016/j.tree.2008.06.012.
5 Vijay, V., et al. (2016): The Impacts of Oil Palm on Recent Deforestation and Biodiversity Loss. doi:10.1371/journal.pone.0159668.
6 Palm Oil Analytics (2017): Essential Palm Oil Statistics 2017. URL: http://www.palmoilanalytics.com/files/epos-final-59.pdf (abgerufen: 11.11.2018).

7   Ocampo-Peñuela, N., et al. (2018): Quantifying impacts of oil palm expansion on Colombia's threatened biodiversity. doi.org/10.1016/j.biocon.2018.05.024.
8   Voigt, M., et al. (2018): Global demand for natural resources eliminated more than 100,000 Bornean Orang-Utans. doi.org/10.1016/j.cub.2018.01.053.
9   BBC News (2013): Singapore haze hits record high from Indonesia fires. BBC News 21.06.2013.
10 Page, S. E., et al.2002): The amount of carbon released from peat and forest fires in Indonesia during 1997. Nature, 420(6911), 61.
11 European Commission (2017): CO_2 time series 1990–2015 per region/country. http://edgar.jrc.ec.europa.eu/overview.php?v=CO2ts1990-2015 (abgerufen: 11.11.2018).
12 World Bank Group (2016): The Cost of Fire – An Economic Analysis of Indonesia's 2015 Fire Crisis. The World Bank, February 2016.
13 Foreign Agricultural Service (FAS) (2015): Oilseeds: World Markets and Trade. United States Department of Agriculture (USDA).
14 Deutscher Bundestag, Wissenschaftliche Dienste (2016): Statistische Angaben zu Treibhausgasen aus Landwirtschaft und Forstwirtschaft. Dokumentation Aktenzeichen: WD 5 – 3000 – 068/16.
15 Union of Concerned Scientists (2011): The root of the problem. What drives deforestation? Chapter 6 – Palm Oil.
16 Page, S. E., Rieley, J. O., & Banks, C. J. (2011): Global and regional importance of the tropical peatland carbon pool. Global Change Biology 17(2): 798–818.
17 Van der Werf et al. (2008): Climate regulation of fire emissions and deforestation in equatorial Asia. Proceedings of the National Academy of Sciences USA 105(51): 20350–20355.
18 WWF Deutschland (2018): Torfmoorwälder: Die unterschätzte Zeitbombe. URL: https://www.wwf.de/themen-projekte/waelder/wald-und-klima/krombacher-klimaschutz/wieder vernaessung-der-torfmoore/torfmoorwaelder-die-unterschaetzte-zeitbombe/ (abgerufen: 11.11.2018).
19 Boucher, D., et al. (2011): The root of the problem. What drives deforestation? Chapter 6 Palm Oil. Union of Concerned Scientists.
20 Guillaume, T., et al. (2018): Carbon costs and benefits of Indonesian rainforest conversion to plantations. Nature Communications. doi: 10.1038/s41467-018-04755-y.
21 Lässig, R. (2018): Palmöl: Die CO_2-Kosten der Abholzung. Eidgenössische Forschungsanstalt für Wald, Schnee und Landschaft WSL.
22 Lässig, R. (2018): Palmöl: Die CO_2-Kosten der Abholzung. Eidgenössische Forschungsanstalt für Wald, Schnee und Landschaft WSL.
23 Boucher, D., et al. (2011): The root of the problem. What drives deforestation? Chapter 6 Palm Oil. Union of Concerned Scientists.
24 Chase, L. D. C., & Henson, I. E. (2010): A detailed greenhouse gas budget for palm oil production. International Journal of Agricultural Sustainability 8: 199–214.
25 The Borneo Post (2017): 77 % of plantation workers are foreigners. The Borneo Post online 06.08.2017.
26 Pye, O., et al. (2016): Workers in the Palm Oil Industry – Exploitation, Resistance and Transnational Solidarity. Stiftung Asienhaus, Köln.
27 Pye, O., et al. (2016): Workers in the Palm Oil Industry – Exploitation, Resistance and Transnational Solidarity. Stiftung Asienhaus, Köln.
28 Adib Povera, New Straits Times (2018): Malaysia needs foreign workers to meet shortage of manpower. New Straits Times, 09.01.2018.

29 Guereña, A., & Zepeda, R. (2013): The Power of Oil Palm: Land grabbing and impacts associated with the expansion of oil palm crops in Guatemala: The case of the Palmas del Ixcán company. Oxfam America Research Backgrounder series.
30 TEEB – The Economics of Ecosystems and Biodiversity (2010): Executive Summary.
31 CIA World Factbook (2018): Indonesia. URL: https://www.cia.gov/library/publications/the-world-factbook/geos/print_id.html (abgerufen: 11.11.2018).
32 GRID-Arendal (2013): GDP of the Poor: estimates for ecosystem-service dependence. URL: http://www.grida.no/resources/8133 (abgerufen: 11.11.2018).
33 Marti, S. (2008): Losing ground: the human rights impacts of oil palm plantation expansion in Indonesia. Friends of the Earth.
34 Parker, D. (2013): Indonesian palm oil company demolishes homes and evicts villagers in week-long raid. mongabay.com 14.12.2013.
35 Aidenvironment (2014): Malaysian Overseas Foreign Direct Investment in oil palm land bank. Aidenvironemnt & Sahabat Alam Malaysia.

Kapitel 3

1 Index Mundi (2018): Palm Oil Yield by Country in MT/HA. URL: https://www.indexmundi.com/agriculture/?commodity=palm-oil&graph=yield (abgerufen: 15.11.2018).
2 Pacheco, P., et al. (2017): The palm oil global value chain. URL: http://www.cifor.org/publications/pdf_files/WPapers/WP220Pacheco.pdf (abgerufen: 11.11.2018).
3 Pacheco, P., et al. (2017): The palm oil global value chain. URL: http://www.cifor.org/publications/pdf_files/WPapers/WP220Pacheco.pdf (abgerufen: 11.11.2018).
4 Proplanta (2018): Rapspreis gibt auf 350,00 EUR/t nach – Palmöl-Desaster in Südostasien und Exportrisiken für US-Sojabohnen. Artikel vom 09.03.2018, Webpräsenz von Proplanta. URL: https://www.proplanta.de/Agrar-Nachrichten/Agrarmarkt-Telegramm/Rapspreis-gibt-auf-350-00-EUR-t-nach-Palmoel-Desaster-in-Suedostasien-und-Exportrisiken-fuer-US-Sojabohnen_article1520620843.html (abgerufen: 11.11.2018).
5 Wissenschaftlicher Dienst des Deutschen Bundestages (2016): Sachstand: Gesetz zur Einführung einer Steuer auf Palmöl in Frankreich. 2016 Deutscher Bundestag WD 4 – 3000 – 074/16. URL: https://www.bundestag.de/blob/459012/f6a1118cd533967e099da41e1c33e64e/wd-4-074-16-pdf-data.pdf (abgerufen: 11.11.2018).
6 Indexmundi (2018): Palm oil Monthly Price – Euro per Metric Ton. URL: https://www.indexmundi.com/commodities/?commodity=palm-oil&months=360&currency=eur (abgerufen: 11.11.2018).
7 Koch, J. (2018): Palmöl wird für Biodiesel noch attraktiver. Artikel auf der Webpräsenz von agrarheute. URL: https://www.agrarheute.com/markt/marktfruechte/palmoel-fuer-biodiesel-noch-attraktiver-545141 (abgerufen: 11.11.2018).
8 Roundtable on Sustainable Palm Oil (2017): The RSPO Certified Sustainable Palm Oil Supply Chain: How to take part. RSPO Education Pack.
9 Ramos, M. J., et al. (2009): Influence of fatty acid composition of raw materials on biodiesel properties. Bioresource Technology, 100(1).
10 Ramos, M. J., et al. (2009): Influence of fatty acid composition of raw materials on biodiesel properties. Bioresource Technology, 100(1).
11 Gunstone, F. (Hrsg.) (2011): Vegetable oils in food technology: composition, properties and uses. Blackwell Publishing Ltd.

Kapitel 4

1. World Wildlife Fund (2018): Palm Oil – Overview. Webpräsenz des WWF. URL: https://www.worldwildlife.org/industries/palm-oil (abgerufen: 16.08.2018).
2. Meo Carbon Solutions (2016): Der Palmölmarkt in Deutschland 2015 Endbericht. Forum Nachhaltiges Palmöl; BMUB (2017). Ausschussdrucksache 18(16)561. Deutscher Bundestag. Ausschuss für Umwelt, Naturschutz, Bau und Reaktorsicherheit. TOP11 d. 117. Sitzung am 26.04.2017.
3. Europäische Union (2011): Verordnung (EU) Nr. 1169/2011 des Europäischen Parlaments und des Rates vom 25. Oktober 2011. Amtsblatt der Europäischen Union.
4. Meo Carbon Solutions (2016): Der Palmölmarkt in Deutschland 2015 Endbericht. Forum Nachhaltiges Palmöl.
5. Bundesministerium der Justiz und für Verbraucherschutz [BMJV] (2018): Verordnung über die Zulassung von Zusatzstoffen zu Lebensmitteln zu technologischen Zwecken. Webpräsenz des BMJV auf www.gesetze-im-internet-de. URL: https://www.gesetze-im-internet.de/zzulv_1998/BJNR023100998.html (abgerufen: 20.08.2018).
6. Demirbas, A. (2008): Biodiesel. A Realistic Fuel Alternative for Diesel Engines. Springer London.
7. Bundesministerium für Umwelt, Naturschutz und nukleare Sicherheit [BMU] (2018): E10 – Mehr Bio im Benzin. Webpräsenz des BMU. URL: https://www.bmu.de/themen/luft-laerm-verkehr/verkehr/kraftstoffe/e10-kraftstoffe/ (abgerufen: 19.07.2018).
8. Demirbas, A. (2008): Biodiesel. A Realistic Fuel Alternative for Diesel Engines. Springer, London.
9. Bundesministerium für Ernährung und Landwirtschaft [BMEL] (2018): Wichtige steuerliche Regelungen für die Land- und Forstwirtschaft – Ausgabe 2018. Webpräsenz des BMEL. URL: https://www.bmel.de/SharedDocs/Downloads/Broschueren/SteuerlicheRegelungen2018.pdf?__blob=publicationFile (abgerufen: 25.08.2018).
10. Meo Carbon Solutions (2016): Der Palmölmarkt in Deutschland 2015 Endbericht. Forum Nachhaltiges Palmöl.
11. Europäische Union (2009): Richtlinie 2009/28/EG des Europäischen Parlaments und des Rates vom 23. April 2009. Amtsblatt der Europäischen Union.
12. Dings, J. (2016): EU biodiesel market briefing. Published on May 30, 2016. Transport & Environment; Buffet, L. (2018): EU motorists forced to burn more palm oil and rainforests to meet green energy targets – new data. Published on June 7, 2018. Transport & Environment.
13. Ramos, M. J., et al. (2009): Influence of fatty acid composition of raw materials on biodiesel properties. Bioresource Technology, 100(1).
14. Fargione, J., et al. (2008): Land clearing and the biofuel carbon debt. Science, 319(5867), 1235–1238.
15. Valin H., et al. (2015): The Land Use Change Impact of Biofuels Consumed in the EU. Quantification of area and greenhouse gas impacts. Ecofys, Utrecht, the Netherlands.
16. Europäische Kommission (2017): Vorschlag für eine Richtlinie des Europäischen Parlaments und des Rates zur Förderung der Nutzung von Energie aus erneuerbaren Quellen (Neufassung). COM(2016) 767 final. Brüssel, den 23.02.2017.
17. European Union – Delegation to Malaysia (2018): EU's Revised Renewable Energy Directive and Its Impact on Palm Oil. Press Release – 18 January 2018, Kuala Lumpur.
18. European Council (2018): Renewable energy: Council confirms deal reached with the European Parliament. Press release 417/18. Council of the European Union.

Kapitel 5

1. Bundesministerium für Ernährung und Landwirtschaft (2015): EU-Bio-Logo ergänzt verpflichtend das deutsche Bio-Siegel. Webpräsenz des BMEL. URL: https://www.bmel.de/DE/Landwirtschaft/Nachhaltige-Landnutzung/Oekolandbau/_Texte/EU-Bio-Logo.html (abgerufen: 13.07.2018).
2. Europäische Union (2007): Verordnung (EG) Nr. 834/2007 des Rates vom 28. Juni 2007. Amtsblatt der Europäischen Union.
3. Europäische Union (2008): Verordnung (EG) Nr. 889/2008 der Kommission vom 5. September 2008. Amtsblatt der Europäischen Union.
4. High Carbon Stock Approach (HCSA) Steering Group (2018): The High Carbon Stock Approach. Webpräsenz der HCSA Steering Group.URL: http://highcarbonstock.org/the-high-carbon-stock-approach/ (abgerufen: 14.08.2018).
5. Indonesia Investments (2017): Only 16.7 % of Indonesia's Oil Palm Plantations ISPO Certified. Veröffentlicht 29. August 2017.Webpräsenz von Indonesia Investments. URL: https://www.indonesia-investments.com/news/todays-headlines/only-16.7-of-indonesia-s-oil-palm-plantations-ispo-certified/item8143? (abgerufen: 02.08.2018).
6. Efeca UK. (2016): Comparison of the ISPO, MSPO and RSPO Standards. URL: https://www.sustainablepalmoil.org/wp-content/uploads/sites/2/2015/09/Efeca_PO-Standards-Comparison.pdf (abgerufen: 02.08.2018).
7. Indonesian Sustainable Palm Oil – ISPO (2012): Prinsip dan kriteria kelapa sawit berkelanjutan Indonesia untuk perusahaan perkebunan yang melakukan usaha budidaya perkebunan [Prinzipien und Kriterien des ISPO für Plantagenunternehmen]. Webpräsenz des ISPO. URL: http://www.ispo-org.or.id/images/pearturan/LAMPIRAN%20III%20PC%20Kebun.pdf (abgerufen: 03.08.2018).
8. Environment Investigation Agency (2018): Backtracking on reform: how Indonesia's Government is weakening its palm oil standards. Environmental Investigation Agency Trust Ltd. Published 8th February 2018. Webpräsenz der EIA. URL: https://eia-international.org/backtracking-reform-indonesias-government-weakening-palm-oil-standards (abgerufen: 03.08.2018).
9. Malaysian Palm Oil Certification Council – MPOCC (2018): MSPO Certification – The Way Forward – Timeline Towards Year 2019. Webpräsenz der MPOCC. URL: https://www.mpocc.org.my/mspo-mandatory-timeline (abgerufen: 03.08.2018).
10. Efeca UK. (2016): Comparison of the ISPO, MSPO and RSPO Standards. URL: https://www.sustainablepalmoil.org/wp-content/uploads/sites/2/2015/09/Efeca_PO-Standards-Comparison.pdf (abgerufen: 02.08.2018).
11. Malaysian Sustainable Palm Oil – MSPO (2015): General Principles for Oil Palm Plantations and organised smallholders. Webblog Malaysian Sustainable Palm Oil. URL: http://ms2530.blogspot.com/2015/11/ms2530-3-principle-and-criteria.html (abgerufen: 03.08.2018).
12. Federal Department of Town and Country Planning, Ministry of Housing and Local Government (2010): National Physical Plan – 2. Federal Department of Town and Country Planning, Ministry of Housing and Local Government, Kuala Lumpur, Malaysia.
13. Roundtable on Sustainable Palm Oil (2018): About us – Impacts. Webpräsenz des RSPO. URL: https://rspo.org/about/impacts (abgerufen: 13.07.2018).
14. Roundtable on Sustainable Palm Oil (2018): About us – History and Milestones. Webpräsenz des RSPO. URL: https://rspo.org/about (abgerufen: 13.07.2018).
15. Roundtable on Sustainable Palm Oil (2017): RSPO Certifications Systems for Principles & Criteria: June 2017. Document Code: RSPO-PRO-T01-002 V2.0 ENG.

16 Roundtable on Sustainable Palm Oil (2018): RSPO Supply Chains. Webpräsenz des RSPO. URL: https://rspo.org/certification/supply-chains (abgerufen: 25.08.2018).

17 Roundtable on Sustainable Palm Oil (2017): A Seller's Guide to RSPO Credits. Webpräsenz von RSPO-Credits. URL: http://rspocredits.org/index.html (abgerufen: 26.08.2018).

18 Greenpeace (2008): Etikettenschwindel bei Palmöl-Lieferungen nach Europa. Webpräsenz Greenpeace Deutschland. URL: https://www.greenpeace.de/themen/waelder/etikettenschwindel-bei-palmoel-lieferung-nach-europa (abgerufen: 13.07.2018).

19 Rettet den Regenwald e.V. (2010): Das wahre Gesicht des Palmöl-Labels RSPO. Webpräsenz von Rettet den Regenwald e.V. URL: https://www.regenwald.org/news/1592/das-wahre-gesicht-des-palmoel-labels-rspo (abgerufen: 13.07.2018).

20 Tillack, G. (2013): Why »Roundtable on Sustainable Palm Oil (RSPO)« palm oil is neither responsible nor sustainable. Webpräsenz des Rainforest Action Networks. URL: https://www.ran.org/why_rspo_sustainable_palm_oil_is_not_responsible (abgerufen: 13.07.2018).

21 World Wildlife Fund (2016): Runder Tisch für Palmöl. Webpräsenz des WWF. URL: https://www.wwf.de/themen-projekte/landwirtschaft/produkte-aus-der-landwirtschaft/runde-tische/runder-tisch-palmoel/ (abgerufen: 13.07.2018); Roundtable on Sustainable Palm Oil (2018): Sectoral Report ACOP Annual Communications of Progress 2018 – Environmental & Conservation NGOs. Ed. Communications Devision, RSPO Secretariat. Roundtable on Sustainable Palm Oil, Kuala Lumpur.

22 Rettet den Regenwald e.V. (2011): 256 Organisationen aus aller Welt: Palmöl RSPO ist Greenwashing. Webpräsenz von Rettet den Regenwald e.V. URL: https://www.regenwald.org/news/3645/256-organisationen-aus-aller-welt-palmoellabel-rspo-ist-greenwashing (abgerufen: 13.07.2018).

23 Environmental Investigation Agency (2015): Who Watches the Watchmen? Auditors and the Breakdown of Oversight in the RSPO. Environmental Investigation Agency UK Ltd. and Grassroots.

24 Greenpeace International (2016): Palm Oil Industry Fails to Address Deforestation in Optional »RSPO Next« Standard. Webpräsenz von Greenpeace International. URL: http://www.greenpeace.org/seasia/Press-Centre/Press-Releases/Palm-Oil-Industry-Fails-to-Address-Deforestation-in-Optional-RSPO-Next-Standard/ (abgerufen: 13.07.2018).

25 Roundtable on Sustainable Palm Oil (2018): Announcement – 2nd Public Consultation – RSPO Principles & Criteria Review and RSPO Smallholders Standard and Progress Update, June 2018. Webpräsenz des RSPO. URL: https://www.rspo.org/principles-and-criteria-review/2nd-public-consultation-rspo-principles-and-criteria-intro (abgerufen: 03.08.2018).

26 Roundtable on Sustainable Palm Oil (2018): Principles and Criteria Fort he Production of Sustainable Palm Oil 2018. Webräsenz des RSPO. URL: https://rspo.org/publications/download/6a915fbd0acb64d (abgerufen: 10.12.2018).

27 Jacobsen, P. (2018): RSPO should ban deforestation, say investors representing $6.7t in assets. Artikel publiziert am 13.07.2018. Webpräsenz mongabay. URL: https://news.mongabay.com/2018/08/rspo-must-ban-deforestation-say-investors-representing-6-7t-in-assets/ (abgerufen: 20.07.2018).

28 Palm Oil Innovation Group (2018): About POIG. Webpräsenz der POIG. URL: http://poig.org/ (abgerufen: 15.07.2018).

29 Palm Oil Innovation Group (2018): RSPO and POIG. Webpräsenz der POIG. URL: http://poig.org/rspo-and-poig/ (abgerufen: 15.07.2018).

30 Palm Oil Innovation Group (2018): POIG Members. Webpräsenz der POIG. URL: http://poig.org/poig-members/ (abgerufen: 15.07.2018).

31 Palm Oil Innovation Group (2016): Verification Indicators March 2016. Webpräsenz der POIG. URL: http://poig.org/wp-content/uploads/2014/09/Def-POIG-Indicators_English_311017.pdf (abgerufen: 17.07.2018).

32 McInnes, A. (2017): A Comparison of Leading Palm Oil Certification Standards. Forest Peoples Programme, Moreton-in-Marsh, England.

33 Palm Oil Innovation Group (2018): The Palm Oil Innovation Group welcomes improvements in the RSPO Standard – Strengthening of underlying systems and robust implementation still needed. Pressemitteilung des ISPO vom 15. November 2018.

34 International Sustainability & Carbon Certification – ISCC (2018): ISCC's objectives. ISCC System GmbH. Webpräsenz des ISCC. URL: https://www.iscc-system.org/about/objectives/ (abgerufen: 03.08.2018).

35 International Sustainability & Carbon Certification – ISCC (2016): ISCC 202 Sustainability Requirements. Version 3.0. ISCC System GmbH; International Sustainability & Carbon Certification – ISCC (2016): ISCC 202 Sustainability Requirements for the Production of Biomass. ISCC PLUS Version 3.0. ISCC.

36 Red de Agricultura Sostenible, A. C. (2017): Rainforest Alliance – Sustainable Agriculture Standard. For farms and producer groups involved in crop or cattle production. Version 1.2., Sustainable Agriculture Network, July 2017; Rainforest Alliance (2016): Rainforst Alliance Certified Palm Oil. Published on June 6, 2016. Webpräsenz der Rainforst Alliance. URL: https://www.rainforest-alliance.org/articles/rainforest-alliance-certified-palm-oil (abgerufen: 09.08.2018).

37 Humbert, F., & Braßel, F. (2016): Süße Früchte, bittere Wahrheit. Die Mitverantwortung deutscher Supermärkte für menschenunwürdige Zustände in der Ananas- und Bananenproduktion in Costa Rica und Ecuador. Publikation, 31. Mai 2016. Webpräsenz von Oxfam Deutschland e.V. URL: https://www.oxfam.de/ueber-uns/publikationen/suesse-fruechte-bittere-wahrheit (abgerufen: 09.08.2018).

38 Humbert, F., & Braßel, F. (2016): Süße Früchte, bittere Wahrheit. Die Mitverantwortung deutscher Supermärkte für menschenunwürdige Zustände in der Ananas- und Bananenproduktion in Costa Rica und Ecuador. Publikation, 31. Mai 2016. Webpräsenz von Oxfam Deutschland e.V. URL: https://www.oxfam.de/ueber-uns/publikationen/suesse-fruechte-bittere-wahrheit (abgerufen: 09.08.2018).

39 Rainforest Alliance (2016): Raising The Bar On Sustainability Standards. Press Release, published on September 20, 2016. Webpräsenz der Rainforest Alliance. URL: https://www.rainforest-alliance.org/press-releases/2017-san-standard-released (abgerufen: 09.08.2018).

40 Red de Agricultura Sostenible, A.C (2017): Rainforest Alliance – Sustainable Agriculture Standard. For farms and producer groups involved in crop or cattle production. Version 1.2., Sustainable Agriculture Network, July 2017.

41 Sustainable Agriculture Network (2005): Sustainable Agriculture Standard with Indicators. November 2005; Red de Agricultura Sostenible, A.C (2017): Rainforest Alliance – Sustainable Agriculture Standard. For farms and producer groups involved in crop or cattle production. Version 1.2., Sustainable Agriculture Network, July 2017.

42 Bio-Stiftung Schweiz (2018): Fair for Life – Eine alternative Fair Trade Zertifizierung. Webpräsenz der Bio-Stiftung Schweiz. URL: http://www.bio-stiftung.ch/logicio/pmws/indexDOM.php?client_id=biostiftung&page_id=fairforlife&lang_iso639=de (abgerufen: 24.08.2018).

43 Fair for Life (2018): Fair for Life – Certification standard for Fair Trade and responsible supply chains. Version: February 2017, Edition: 31.07.2018. Fair for Life Standard.

44 GEPA (2013): Palmöl bio & fair in GEPA-Produkten. Webpräsenz des GEPA-Webshops. URL: http://www.gepa-wug.de/wug/download/Serendipalm%20-%20Palmoel%20GEPA%202013.pdf (abgerufen: 05.08.2018).

45 Rapunzel Naturkost GmbH (2016): Vor Ort in Ecuador: Ein richtiger Weg für Palmöl. Webpräsenz der Rapunzel Naturkost GmbH. URL: https://www.rapunzel.de/faires-bio-palmoel-ecuador-reisebericht.html (abgerufen: 05.08.2018).

46 Natural Habitats Group (2017): Sustainability. Webpräsenz der Natural Habitats Group. URL: https://www.natural-habitats.com/sustainability/ (abgerufen: 05.08.2016).

47 Natural Habitats Group (2017): Social. Webpräsenz der Natural Habitats Group. URL: https://www.natural-habitats.com/sustainability/social/ (abgerufen: 05.08.2018).

48 Rapunzel Naturkost (2018): Hand in Hand-Kriterien, Version 05-2018. Rapunzel Fairhandels-Programm. Webpräsenz der Rapunzel Naturkost GmbH. URL: https://www.rapunzel.de/download/hih_kriterien_de_version5_2018.pdf (abgerufen: 15.08.2018).

49 Forum Nachhaltiges Palmöl [FONAP] (2018): Selbstverpflichtung. Webpräsenz des FONAP. URL: https://www.forumpalmoel.org/das-fonap/selbstverpflichtung (abgerufen: 25.08.2018).

50 Forum Nachhaltiges Palmöl [FONAP] (2018): Was wir tun. Webpräsenz des FONAP. URL: https://www.forumpalmoel.org/das-fonap/was-wir-tun (abgerufen: 27.08.2018).

51 Forum Nachhaltiges Palmöl [FONAP] (2018): Downloads – Vereinsdokumente. Webpräsenz des FONAP. URL: https://www.forumpalmoel.org/unser-service/download (abgerufen: 27.08.2018).

52 Petersen, I.; World Wildlife Fund Deutschland (2018): Der Palmöl-Check – Scorecard 2017 – Die Bewertung der Einkaufspolitik deutscher Käufer und Verarbeiter von Palmöl. Webpräsenz des WWF Deutschland. URL: https://www.wwf.de/fileadmin/fm-wwf/Publikationen-PDF/WWF-Palm-Oil-Scorecard-2017.pdf (abgerufen: 27.08.2018).

53 Rietberg, P., Slingerland, M. (2016): Costs and benefits of RSPO certification for independent smallholders. Wepräsenz der iseal alliance. URL: https://www.standardsimpacts.org/sites/default/files/Costs-and-benefits-of-RSPO-certification-for-independent-smallholders-FINAL(2).pdf (abgerufen: 13.08.2018).

54 Greenpeace International (2016): Cutting Deforestation out of the Palm Oil Supply Chain – Company Scorecard. Webpräsenz von Greenpeace Deutschland. URL: https://www.greenpeace.de/sites/www.greenpeace.de/files/publications/20160303_greenpeace_indonesien_palmscorecard.pdf (abgerufen: 27.08.2018).

55 Greenpeace Österreich (2017): Greenpeace-Erhebung: Palmöl in Österreichs Supermärkten. Webpräsenz von Greenpeace. URL: https://secured-static.greenpeace.org/austria/Global/austria/fotos/Presse/Greenpeace_Fact_Sheet_Erhebung_Palmoel_in_Supermaerkten.pdf (abgerufen: 27.08.2018).

56 Hall, C. A., & Benemann, J. R. (2011): Oil from algae?. BioScience, 61(10), 741–742; Achara, N. (2012): Biofuel from algae. J Am Sci, 8(1), 240–244.

57 Whiffin, F. (2015): A palm oil substitute and care product emulsions from a yeast cultivated on waste resources. Ph.D., University of Bath.

Kapitel 6

1 European Commission (2016): Food Waste. Webpräsenz der EU-Kommission. URL: https://ec.europa.eu/food/safety/food_waste_en (abgerufen: 11.11.2018.)

Nachhaltigkeit bei oekom

Die Publikationen des oekom verlags ermutigen zu nachhaltigerem Handeln: glaubwürdig & konsequent – und das schon seit 30 Jahren!

Bereits seit 2017 verzichten wir bei den meisten Büchern auf das Einschweißen in Plastikfolie. In unserem Jubiläumsjahr machen wir den nächsten Schritt und weiten den Plastikverzicht auch auf alle ab 2019 erscheinenden Hardcover-Titel aus.

Auch sonst sind wir weiter Vorreiter: Für den Druck unserer Bücher und Zeitschriften verwenden wir vorwiegend Recyclingpapiere (mehrheitlich mit dem Blauen Engel zertifiziert) und drucken mineralölfrei. Unsere Druckereien und Dienstleister wählen wir im Hinblick auf ihr Umweltmanagement und möglichst kurze Transportwege aus. Dadurch liegen unsere CO_2-Emissionen um 25 Prozent unter denen vergleichbar großer Verlage. Unvermeidbare Emissionen kompensieren wir zudem durch Investitionen in ein Gold-Standard-Projekt zum Schutz des Klimas und zur Förderung der Artenvielfalt.

Als Ideengeber beteiligt sich oekom an zahlreichen Projekten, um in der Branche einen hohen ökologischen Standard zu verankern. Über unser Nachhaltigkeitsengagement berichten wir ausführlich im Deutschen Nachhaltigkeitskodex (www.deutscher-nachhaltigkeitskodex.de). Schritt für Schritt folgen wir so den Ideen unserer Publikationen – für eine nachhaltigere Zukunft.

Dr. Christoph Hirsch
Programmplanung und
Leiter Buch

Anke Oxenfarth
Leiterin Stabsstelle Nachhaltigkeit

1, 2, 3 – plastikfrei

Anneliese Bunk, Nadine Schubert
Besser leben ohne Plastik

oekom verlag, München
112 Seiten, Broschur, vierfarbig, 12,95 Euro
ISBN: 978-3-86581-784-6
Erscheinungstermin: 22.02.2016
Auch als E-Book erhältlich

»Bietet einen (...) bestens aufbereiteten Einstieg in das Thema Plastikvermeidung (...). Beide Daumen hoch!«
Indra Runge, reformhaus.de

Plastik ist heute überall, selbst in unserer Nahrung und im Trinkwasser. Aber geht es wirklich nicht ohne? Die beiden Autorinnen zeigen, wie und wo man im Alltag Plastik einsparen und ersetzen kann – angefangen beim bewussten Einkauf bis hin zum Selbermachen.

oekom.de DIE GUTEN SEITEN DER ZUKUNFT /III oekom

Mikroplastik, nein danke!

Nadine Schubert
Noch besser leben ohne Plastik

oekom verlag, München
112 Seiten, Broschur,
13,– Euro
ISBN: 978-3-96006-015-4
Erscheinungstermin: 04.09.2017
Auch als E-Book erhältlich

»Auf Plastik verzichten ist nicht nur gut für die Umwelt, es ist vor allem auch befreiend!«
Nadine Schubert

Sie kaufen möglichst verpackungsfrei und meiden Plastiktüten? Super! Doch nicht immer ist Plastik auf den ersten Blick sichtbar, z.B. in Form von Mikroplastik. Wo es enthalten ist und was Sie dagegen tun können, zeigt Nadine Schubert – und präsentiert viele weitere neue Ideen für ein plastikfreies Leben.

oekom.de   DIE GUTEN SEITEN DER ZUKUNFT

Höchste Zeit auszusteigen!

autofrei leben! e. V.
Besser leben ohne Auto

oekom verlag, München
128 Seiten, Broschur,
vierfarbig, mit zahlreichen
Abbildungen, 14,– Euro
ISBN: 978-3-96238-017-5
Erscheinungstermin:
19.03.2018
Auch als E-Book erhältlich

»Ein Leben ohne Auto wirkt nicht nur befreiend,
es macht auch glücklich!«
Heiko Bruns von autofrei leben!

Eines ist klar: Dem Auto geht es an den Kragen! Dieser Ratgeber zeigt, wie Sie ohne Auto clever und entspannt unterwegs sind. Dank Diensträdern wird die Parkplatzsuche obsolet, Lastenräder sind wahre Transportwunder, und Apps navigieren uns problemlos durch jede Stadt.

oekom.de   DIE GUTEN SEITEN DER ZUKUNFT